Lineare Algebra für das erste Semester

Mike Scherfner
Torsten Volland

Lineare Algebra für das erste Semester

PEARSON
Studium

ein Imprint von Pearson Education
München • Boston • San Francisco • Harlow, England
Don Mills, Ontario • Sydney • Mexico City
Madrid • Amsterdam

Bibliografische Information Der Deutschen Bibliothek

Die Deutsche Bibliothek verzeichnet diese Publikation in der Deutschen Nationalbibliografie;
detaillierte bibliografische Daten sind im Internet über <http://dnb.ddb.de> abrufbar.

Die Informationen in diesem Buch werden ohne Rücksicht auf einen eventuellen Patentschutz
veröffentlicht. Warennamen werden ohne Gewährleistung der freien Verwendbarkeit benutzt.
Bei der Zusammenstellung von Texten und Abbildungen wurde mit größter Sorgfalt
vorgegangen. Trotzdem können Fehler nicht ausgeschlossen werden. Verlag, Herausgeber und
Autoren können für fehlerhafte Angaben und deren Folgen weder eine juristische
Verantwortung noch irgendeine Haftung übernehmen. Für Verbesserungsvorschläge und
Hinweise auf Fehler sind Verlag und Herausgeber dankbar.

Es konnten nicht alle Rechteinhaber von Abbildungen ermittelt werden. Sollte dem Verlag
gegenüber der Nachweis der Rechtsinhaberschaft geführt werden, wird das branchenübliche
Honorar nachträglich gezahlt.

Fast alle Hardware- und Softwarebezeichnungen und weitere Stichworte
und sonstige Angaben, die in diesem Buch verwendet werden,
sind als eingetragene Marken geschützt.
Da es nicht möglich ist, in allen Fällen zeitnah zu ermitteln,
ob ein Markenschutz besteht, wird das ® Symbol in diesem Buch nicht verwendet.

Umwelthinweis: Dieses Produkt wurde auf chlorfrei gebleichtem Papier gedruckt. Die
Einschrumpffolie – zum Schutz vor Verschmutzung – ist aus umweltverträglichem und
recyclingfähigem PE-Material.

Cover:
Modeling of a Klein bottle from a cylinder
Image by Konrad Polthier (www.zib.de/polthier)
More information about Klein bottles at: http://plus.maths.org/issue26/index.html

10 9 8 7 6 5 4 3 2

09 08 07

ISBN: 978-3-8273-7207-9

© 2006 by Pearson Studium
ein Imprint der Pearson Education Deutschland GmbH,
Martin-Kollar-Straße 10–12, D-81829 München/Germany
Alle Rechte vorbehalten
www.pearson-studium.de
Lektorat: Birger Peil, bpeil@pearson.de
Korrektorat: Brigitta Keul, München
Einbandgestaltung: adesso 21, Thomas Arlt, tarlt@adesso21.net
Herstellung: Philipp Burkart, pburkart@pearson.de
Satz: LE-TEX Jelonek, Schmidt & Vöckler GbR, Leipzig
Druck und Verarbeitung: Graficas Cems

Printed in Spain

Inhaltsverzeichnis

Einige Worte vorab

Es sind verschiedene Gründe denkbar, warum Sie dieses Buch vor Ihren Augen haben: Sie interessieren sich für Lineare Algebra, Sie wurden durch Ihren Studienplan dazu gezwungen, sich für Lineare Algebra zu interessieren, Sie sind gar Dozent und brauchen eine Grundlage für Ihre Vorlesung. Natürlich kann es auch sein, dass Sie sich einfach im Regal verirrt haben und das Buch nur versehentlich in den Händen halten. In allen Fällen: Herzlich willkommen!

Wir werden mit den folgenden Zeilen primär auf den Fall eingehen, dass Sie ein Fach studieren, bei dem Sie sich zum Studienanfang mit Linearer Algebra vertraut machen wollen bzw. müssen und am Ende des schwierigen ersten Semesters eventuell sogar eine Klausur zu bestehen haben.

Dieses Buch wird Ihnen zur Seite stehen. Vor dem eigentlichen Start möchten wir Ihnen allerdings noch genauer beschreiben, an was und wen wir beim Verfassen gedacht haben.

Für wen ist dieses Buch?

Dieses Buch richtet sich primär an Studenten der Ingenieurwissenschaften im ersten Semester an Universitäten und Fachhochschulen. Dabei ist es aber auch sehr gut für angehende Physiker geeignet, und auch Mathematiker und insbesondere Lehrer der genannten Studienrichtungen werden einigen Nutzen daraus ziehen können. Die Stoffauswahl richtet sich wesentlich nach dem, was der Ingenieur in seinen Mathematikveranstaltungen geboten bekommt. Wie es dort üblich ist, wird viel Wert auf Beispiele, Rechnungen und Verfahren gelegt, dafür stehen die Beweise nicht im Vordergrund. Der Wert des Buches liegt auch darin begründet, dass wir sehr viel erklären und das Wort „trivial" nicht zu finden sein wird (auf das Entdecken im *nachfolgenden* Text setzen wir eine hohe Belohnung aus). Viele Begründungen sind eher intuitiv und weniger formal. Das ist keine Unterlassung sondern Absicht; Gleichungswüsten in Buchform gibt es bereits genug.

Sie können das Buch gerne auch zur Hand nehmen, wenn Sie nicht im ersten Semester sind. Wir betonen die Eignung für Erstsemester nur, weil wir einen sanften Zugang bieten, bei dem Sie nicht mit Formalien zugeschüttet werden.

Derzeit gibt es im Wesentlichen noch zwei Veranstaltungstypen für Ingenieure und Physiker: 1. Die Höhere Mathematik als Gesamtkurs, in dem die verschiedenen Teile (Lineare Algebra, Analysis I und II und evtl. noch Zusatzthemen) zusammen behandelt werden. 2. Ein Modulsystem, in welchem die Kurse alle einzeln vorkommen. Letzteres setzt sich immer mehr durch, was auch der Einführung von Bachelor- und Masterstudiengängen geschuldet ist. Aber auch im ersten Fall ist eine relativ klare Gliederung der Kurse in die Themengebiete vorhanden.

Unser Ziel

Es gibt kein Buch, das Sie sich unter das Kopfkissen legen, um dann nach einigen Nächten wissend zu erwachen. Wir möchten aber beweisen, dass Mathematik (hier die Lineare Algebra) kein Buch mit sieben Siegeln ist. Sicher ist Mathematik ein anspruchsvolles Geschäft, jedoch keines, was auch nur die geringste Angst berechtigt aufkommen lässt.

Wir möchten, dass Sie die Motivation für die Themen verstehen. Das macht das jeweils Folgende leichter. So gibt es in unserem Buch absolut kein Kapitel zur Linearen Algebra, dem nicht eine ordentliche Motivation vorangestellt wurde. Vor dem richtigen Start gibt es auch noch eine Vorbereitung, die Sie von der Schule abholt und Wesentliches von dem liefert, was Sie eventuell verpasst, vergessen oder gar nicht gelernt haben. Und auch die Lineare Algebra an sich werden wir motivieren. Zusammenfassend können wir sagen: *Wir lassen Sie nicht alleine.*

Inhalt und Aufbau

Wir behandeln die Standardthemen der Linearen Algebra. Für eine Übersicht bitten wir Sie, einen Blick in das Inhaltsverzeichnis zu werfen. Als Zusatz werden Grundlagen der gewöhnlichen Differenzialgleichungen behandelt. Diese werden an immer mehr Universitäten und Fachhochschulen im Zusammenhang mit den klassischen Themen der Linearen Algebra eingeführt, was u. a. durch die Struktur der Lösungsmenge begründet werden kann. Wir verzichten z. B. auf die Trigonalisierung von Matrizen, Hauptachsentransformation und die Jordansche Normalform. Nicht, dass diese Themen uninteressant wären, aber wir halten diese im ersten Semester für entbehrlich, insbesondere für die Ingenieure unter Ihnen. Als angehender Mathematiker werden Sie das Fehlen dieser Themen eventuell bedauern, allerdings können wir Ihnen versichern, dass es von unserem Buch aus nur ein kleiner Schritt zu diesen Themen ist.

Wir werden in diesem Buch zahlreiche Beispiele betrachten, die das Erlernte greifbar machen. Wir haben uns bemüht, die ersten Beispiele stets einfach zu halten. Was zuvor in der Theorie gemacht wurde, soll gleich verstehbar in den Beispielen umgesetzt werden. Am Ende eines jeden Abschnittes stehen Aufgaben, an die sich sofort die *vollständigen Lösungen* anschließen, damit Sie sofort prüfen können, ob Sie Weg und Ergebnis gefunden haben. Die Aufgaben sind dabei manchmal einfach (es müssen ja auch die Grundlagen verstanden werden), teils aber auch anspruchsvoll und benötigen neben Rechenfertigkeiten auch Verständnis.

In den Motivationen haben wir soweit wie möglich versucht, einen Zusammenhang zur wirklichen Anwendung in Naturwissenschaft und Technik zu zeigen. Es finden sich dort aber auch innermathematische Anwendungen, die einen Gesamtzusammenhang greifbar machen.

Wie bereits erwähnt, finden Sie am Anfang eine Vorbereitung, die einiges von dem liefert, wovon sich eigentlich kaum ein Buch zu berichten traut. Es ist eine kleine (aber nützliche) Sammlung von Dingen, die vor dem eigentlichen Start gewusst werden sollten. Nicht alles davon werden wir in diesem Buch verwenden. Aber es hilft Ihnen sicher beim Studienanfang und bei anderen Mathematikveranstaltungen.

Viele Bücher enden einfach mit dem Stoff, unseres mit Ideen und Tipps zu den Prüfungen, die vor Ihnen liegen. In diesem Bereich haben wir viel Erfahrung gesammelt, die Ihnen als eine Art Erste-Hilfe-Kurs zur Seite stehen wird.

Wir hoffen, dass Sie dieses Buch als eine Art persönlichen Begleiter annehmen können. So haben wir uns nach Kräften bemüht, den Stoff freundlich und verbindlich zu vermitteln, sodass auch die Freude am Lesen nicht zu kurz kommt.

Die Kapitel (und damit sprechen wir auch die Dozenten an) sind von Umfang und Reihenfolge her so gedacht, dass sie einzelnen Vorlesungen entsprechen. Wer also ein Kapitel gelesen und ernsthaft bearbeitet hat, kann somit beruhigt behaupten, er habe eine Vorlesung zum jeweiligen Thema erfolgreich hinter sich gebracht. Die Aufgaben dabei aber bitte nicht vergessen, sie gehören einfach dazu.

Zusatzmaterial

Für Dozenten liegen auf der buchbegleitenden Companion Website (CWS) unter *www.pearson-studium.de* Folien für den direkten Einsatz in Vorlesungen zum Download bereit. Diese können einfach per Beamer oder Projektor für die Vorlesung verwendet werden. Für die Studenten liegt dann hiermit wirklich das Buch zum Film vor. Auf der CWS zum Buch finden Studierende hilfreiche Übersichtsdiagramme zu wichtigen Themengebieten der Linearen Algebra und zur Lösung von gewöhnlichen linearen Differenzialgleichungen.

Dank

Einige liebe Menschen in unserem Umfeld hatten etwas weniger von uns, weil wir uns einige Zeit für dieses Buch nehmen mussten. Danke, dass Ihr das erduldet und auch den einen oder anderen Abschnitt gelesen habt.

Weiterhin bedanken wir uns sehr bei den Herren Ferus sowie Mehrmann, Seiler und Rambau, deren schöne Skripte (zur Linearen Algebra für Ingenieure an der TU Berlin) uns zahlreiche Anregungen gegeben haben. Auch profitierten wir von vielen Gesprächen mit Kollegen und Studenten.

Unser besonderer Dank gilt Nicolas Haße und Andreas Schöpp. Beide haben das Manuskript gelesen, Korrekturen gemacht und Verbesserungen empfohlen.

Und nun: *Rein ins Vergnügen!*

Mike Scherfner
Torsten Volland

Ein wenig Vorbereitung

1

ÜBERBLICK

Die Mathematik mit ihrer Symbolik, die am Anfang recht abstrakt erscheinen mag, kann als Sprache aufgefasst werden, mit deren Hilfe Aussagen, Definitionen und andere wichtige und schöne Dinge formuliert werden können. Allerdings müssen wir zuerst die grundlegenden Sprachkenntnisse (Strukturen, Vokabeln etc.) erwerben, bevor wir uns unterhalten können. Am Anfang ist es auch schon gut, einer Unterhaltung folgen zu können, wie sie dieses Lehrbuch bietet.

Diese Vorbereitung liefert eine kurze Zusammenfassung wichtiger Begriffe und Sachverhalte, deren Kenntnis in den nachfolgenden Kapiteln vorausgesetzt wird.

Wir ahnen, dass auf dem Weg von der Schule zur Uni, der tatsächlich bei einigen lang war, einige Dinge verloren gegangen sind. Wir werden diese gemeinsam mit Ihnen wiederfinden, Bekanntes neu betrachten und auch Neues entdecken. Teils werden wir intuitiv beginnen, dann aber stets zum Exakten kommen.

1.1 Ein Vorrat an Buchstaben

Der Satz von Pythagoras wird oft auf die bloße Formel $a^2 + b^2 = c^2$ reduziert. Die Bedeutung von a, b und c als die Seitenlängen eines rechtwinkligen Dreiecks wird dabei unterschlagen. Der Wiedererkennungseffekt beruht zu einem großen Teil auf der steten Verwendung der gleichen Symbole für die Seitenlängen. So würden nur Wenige $f^2 + x^2 = n^2$ als den Satz von Pythagoras identifizieren. Andere mathematische Formulierungen bestehen aus sehr viel mehr Größen, seien es Variablen, Konstanten, Mengen, Elemente verschiedener Mengen oder Funktionen. Um diese besser auseinander halten und somit eine Formel schneller verstehen zu können, haben sich gewisse – nicht immer, aber oft eingehaltene – Konventionen ergeben. So werden beispielsweise die Buchstaben i bis n gerne für natürliche Zahlen verwendet, a bis d für reelle Konstanten, f, g und h für Funktionen. Natürlich ist der Vorrat an lateinischen Zeichen dadurch schnell erschöpft und es wird oft auf das griechische Alphabet zurückgegriffen. Dies ist Grund genug, um die griechischen Buchstaben einmal vorzustellen. In folgender Tabelle sind die griechischen Klein- und Großbuchstaben aufgeführt. Bei einigen Buchstaben wie dem rho sind sogar zwei Kleinbuchstaben notiert, die in etwa einer Druck- und Schreibschriftvariante entsprechen.

Wir werden in diesem Buch nicht alle griechischen Buchstaben verwenden und verlangen auch nicht, sie und ihre Verwendung in mathematischen Formeln auswendig zu lernen. Letzteres ergibt sich vielmehr beim Verstehen und Anwenden der Mathematik von selbst.

Hin und wieder werden auch viele, sehr ähnliche mathematische Objekte auf einmal verwendet. In solchen Fällen wird die Ähnlichkeit durch die

alpha	α	A	iota	ι	I	rho	ρ, ϱ	P
beta	β	B	kappa	κ	K	sigma	σ, ς	Σ
gamma	γ	Γ	lambda	λ	Λ	tau	τ	T
delta	δ	Δ	my	μ	M	ypsilon	υ	Υ
epsilon	ϵ, ε	E	ny	ν	N	phi	ϕ, φ	Φ
zeta	ζ	Z	xi	ξ	Ξ	chi	χ	X
eta	η	H	omikron	o	O	psi	ψ	Ψ
theta	θ, ϑ	Θ	pi	π	Π	omega	ω	Ω

Verwendung weniger Buchstaben, die allerdings in verschiedenen Ausführungen vorkommen, ausgedrückt. So könnten beispielsweise a, $\tilde{a}$, $\hat{a}$ drei Konstanten bezeichnen. Ist bei den Objekten eine Reihenfolge wichtig, werden Indizes verwendet:

$$a_1, a_2, a_3, \ldots, a_n \,,$$

wobei n eine natürliche Zahl sein soll.

Letztere Schreibweise wird uns in diesem Buch sehr häufig begegnen und die Anzahl der Objekte bzw. den letzten Index n werden wir nicht weiter konkretisieren, damit die Formeln und Aussagen allgemein bleiben. Um spätere Missverständnisse zu vermeiden, sei allerdings erwähnt, was mit obiger Aufzählung bei z. B. $n = 2$ gemeint ist: nämlich a_1, a_2 und nicht etwa a_1, a_2, a_3, a_2. Bei $n = 1$ besteht die Aufzählung lediglich aus dem ersten Element a_1 und bei $n = 0$ aus gar keinem – auch das kommt in Spezialfällen vor.

1.2 Mengen

1.2.1 Allgemeines

Die von Georg Cantor (1845–1918) begründete Mengenlehre bildet einen der Grundpfeiler der modernen Mathematik: Ohne sie geht gar nichts. So wird der Begriff „Menge" bereits in der Schule behandelt und z. B. mit natürlichen oder reellen Zahlen gearbeitet. Diese sind dann Elemente der Menge der natürlichen bzw. reellen Zahlen.

Eine *Menge* ist eine Zusammenfassung von Objekten zu einer Gesamtheit.

Mengen lassen sich durch explizite Aufzählung definieren, z. B.

$$M := \{1, \pi, 173\} \,,$$

aber auch durch das Angeben einer bestimmten Eigenschaft E für die Elemente der Menge:

$$M := \{x \mid x \text{ hat die Eigenschaft } E\}\,,$$

was sich folgendermaßen liest: „M ist die Menge aller x, für die gilt: x hat die Eigenschaft E.“ Ein konkreteres Beispiel für eine Menge ist

$$G := \{x \mid x \text{ ist eine ganze Zahl zwischen } -1 \text{ und } 4\}\,.$$

Das Symbol „$:=$“ deutet immer an, dass es sich um eine Definition handelt. Die Eigenschaft „x ist eine ganze Zahl zwischen -1 und 4“ liefert die folgenden Elemente in expliziter Aufzählung:

$$G = \{0, 1, 2, 3\}\,;$$

hier ist das reine Gleichheitszeichen gerechtfertigt.

Was bisher gemacht wurde, ist nun wirklich nicht schwer. Dennoch war es gut, einen Blick darauf zu werfen, wie Mengen definiert werden, denn natürlich geht es auch komplizierter. Wir werden davon Gebrauch machen (müssen). So beschreibt beispielsweise die Menge

$$R := \{(x, y) \mid 1 \le x^2 + y^2 \le 9\,;\ x, y \text{ reell}\}$$

den folgenden Kreisring in der Ebene (links):

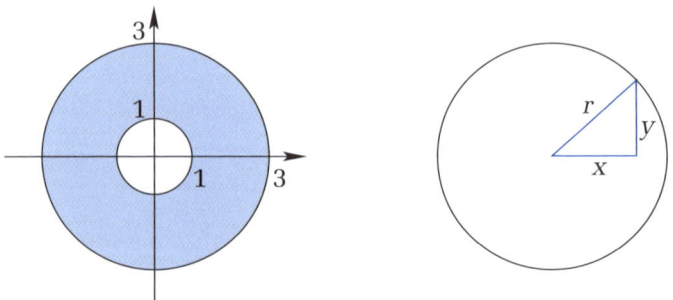

Wie ist das zu verstehen? Nun, (x, y) bedeutet, dass es sich um ein Zahlenpaar handelt (also jeweils einen Punkt im Koordinatensystem in der Ebene), das wir dann noch genauer beschreiben. Der Ausdruck $x^2 + y^2$ ist gleich einer Zahl r^2, wie wir durch den Satz von Pythagoras wissen (vgl. rechte Skizze). Wenn nun ein r fest gewählt wurde, z. B. $r = 2$, so liefert die Gleichung $x^2 + y^2 = r^2 = 4$ alle Punkte, die einen Kreis mit dem Radius 2 um den Ursprung bilden. Da nun $1 \le x^2 + y^2 \le 9$ gelten soll, werden also alle Kreise mit Radien von 1 bis 3 durchlaufen. Das ergibt den skizzierten Kreisring.

Dabei ist natürlich bedacht worden, dass x und y reelle Zahlen sind, denn nur so können sie „kontinuierlich" alle Werte annehmen.

Ist ein Objekt x ein Element einer Menge M, so wird dafür

$$x \in M$$

geschrieben. Ist x kein Element von M, dann

$$x \notin M \,.$$

Vielleicht kommt Ihnen jetzt die Frage in den Sinn, warum wir hier auf kryptische Art von Objekten reden und nicht einfach von Zahlen? Der Grund ist, dass es wirklich beliebig ist, welche Objekte wir zu Mengen zusammenfassen. Denn es ist durchaus auch möglich, die Menge der Funktionen mit einer Nullstelle zu untersuchen und diese besteht nun gar nicht aus Zahlen ...

1.2.2 Wie aus bekannten Mengen neue entstehen

Aus bekannten Mengen können durch *Vereinigung* ($\cup$) und *Schnitt* ($\cap$) neue gebildet werden:

$$A \cup B := \{x \mid x \in A \text{ oder } x \in B\} \,,$$
$$A \cap B := \{x \mid x \in A \text{ und } x \in B\} \,.$$

Das hier verwendete „oder" (siehe auch den Abschnitt über Aussagenlogik am Ende dieses Kapitels) schließt nicht aus, dass x ein Element von beiden Mengen A und B ist!

Mengen können auch in anderen Mengen enthalten sein:

Es ist $A \subseteq B$, wenn aus $x \in A$ folgt, dass $x \in B$ ist.

Aus dieser Definition können wir sehen, dass jede Menge Teilmenge von sich selbst ist: $A \subseteq A$. Wir sprechen von einer *echten* Teilmenge A einer Menge B, wenn A nicht B ist und schreiben dann $A \subset B$.

Ferner bezeichnet $A \backslash B$ (in Worten: „A ohne B") die Menge aller $x \in A$, für die $x \notin B$ gilt.

Wir haben in diesem Abschnitt mehrfach naiv von Verknüpfungen zwischen Aussagen wie „*und, oder, es folgt*" geschrieben, ohne die Bedeutung mathematisch exakt zu fassen. Wir spezifizieren das im exakten Sinne etwas später. Sofern allerdings etwas im Grunde klar ist, wollen wir Sie hier nicht weiter quälen.

Vereinigen und schneiden lassen sich natürlich auch mehr als zwei Mengen. Wie $A \cup B \cup C$ gebildet wird, oder gar $(A \cup B \cup C) \cap (A \cup B)$, sollte allerdings nach den obigen Ausführungen klar sein.

Interessanter und damit einen gesonderten Blick wert scheinen allerdings die folgenden Notationen, die Vereinigungen bzw. Schnitte über beliebig viele Mengen bezeichnen. Jedes der A_i ist dabei eine Menge, die – zur Unterscheidung von den anderen – mit einem gesonderten Index i gekennzeichnet wird, der Element einer so genannten Indexmenge $I \subseteq \mathbb{N}$ mit $I = \{i_0, i_1, i_2, ..., i_n\}$ ist:

$$\bigcup_{i \in I} A_i := A_{i_0} \cup A_{i_1} \cup A_{i_2} \cup ... \cup A_{i_{n-1}} \cup A_{i_n};$$

$$\bigcap_{i \in I} A_i := A_{i_0} \cap A_{i_1} \cap A_{i_2} \cap ... \cap A_{i_{n-1}} \cap A_{i_n}.$$

Bitte lassen Sie sich nicht von diesen Doppelindizes der Form i_k (mit $k \in \mathbb{N}$) verwirren. Jedes dieser i_k ist wieder nur eine natürliche Zahl – so hatten wir es ja gefordert durch $I \subseteq \mathbb{N}$. Aber um anzugeben, wie viele Elemente in I sind (nämlich $n + 1$ viele), und um uns nicht darauf festlegen zu müssen, welche Zahlen dies genau sind, muss diese Schreibweise mit doppelter Indizierung verwendet werden. Zur Sicherheit sehen wir uns hierzu noch ein Beispiel an:

Sei $I := \{3, 4, 6\}$. Dann ist offensichtlich $I \subset \mathbb{N}$ und nach obigen Erläuterungen ist $i_0 = 3$, $i_1 = 4$ und $i_2 = 6$ und damit

$$\bigcup_{i \in I} A_i = A_{i_0} \cup A_{i_1} \cup A_{i_2} = A_3 \cup A_4 \cup A_6.$$

1.2.3 Ein kleiner Zoo wichtiger Mengen

Welches sind nun die Mengen, die einem bei den Mathematikveranstaltungen ständig begegnen? Hier die wichtigsten:

■ $\emptyset$: *Leere Menge*. Sie enthält keine Elemente, also $\emptyset = \{\}$. Auch wenn dies für einige absurd erscheinen mag, gerade in ihrer Leere ist sie besonders wertvoll und wird zur Beschreibung verschiedenster Sachverhalte benötigt.

■ $\mathbb{N}$: *Menge der natürlichen Zahlen*, also $\mathbb{N} = \{0, 1, 2, 3, ...\}$.

■ $\mathbb{Z}$: *Menge der ganzen Zahlen*, also $\mathbb{Z} = \{..., -3, -2, -1, 0, 1, 2, 3, ...\}$.

■ $\mathbb{Q}$: *Menge der rationalen Zahlen*, also derjenigen, die sich als Bruch $\frac{p}{q}$ mit p, $q \in \mathbb{Z}$ darstellen lassen.

■ $\mathbb{R}$: *Menge der reellen Zahlen*, also der rationalen und irrationalen. Die irrationalen Zahlen sind die Zahlen, die sich nicht als Bruch (wie bei den rationalen Zahlen angegeben) darstellen lassen. Beispiele dafür sind $\sqrt{2}$ oder π.

■ $\mathbb{C}$: *Menge der komplexen Zahlen*, also aller Zahlen der Form $x + iy$. Dabei ist i die imaginäre Einheit (mit der Eigenschaft $i^2 = -1$) und x und y sind reelle Zahlen. Mehr zu den komplexen Zahlen gibt es gleich, denn es gibt eine enge Verbindung zu Vektoren in der Ebene.

Eine besondere Art von Teilmengen der reellen Zahlen sind Intervalle. Davon gibt es folgende Typen, wobei hier stets $a \leq b$ gilt für $a, b \in \mathbb{R}$:

- *offene Intervalle*: $]a, b[:= \{x \in \mathbb{R} \mid a < x < b\}$,

- *abgeschlossene Intervalle*: $[a, b] := \{x \in \mathbb{R} \mid a \leq x \leq b\}$,

- *halboffene Intervalle*: $]a, b] := \{x \in \mathbb{R} \mid a < x \leq b\}$ oder
  $[a, b[:= \{x \in \mathbb{R} \mid a \leq x < b\}$.

Zeigt die eckige Klammer zum Element, also „[a" oder „b]", so ist dieses in der Menge enthalten, im anderen Fall gerade nicht. Anstatt der vom Element weg zeigenden eckigen Klammern werden teils auch runde Klammern verwendet. So ist $(a, b] =]a, b]$ und $[a, b) = [a, b[$.

Es gibt noch viele weitere interessante Mengen, die allerdings an dieser Stelle zu weit führen würden. Zu den natürlichen Zahlen wollen wir noch bemerken, dass es durchaus Mathematiker gibt, welche die 0 nicht für eine natürliche Zahl halten. Wir sehen das anders und haben dafür auch die Deutsche Industrie-Norm, DIN 5473, auf unserer Seite!

1.2.4 Die Menge der komplexen Zahlen

Mit den zuvor genannten Mengen sind Sie sehr wahrscheinlich bereits aus Alltag oder Schule vertraut. Bei den komplexen Zahlen können wir uns da allerdings nicht so sicher sein, weshalb wir Elementares nachstehend kurz liefern.

Als komplexe Zahlen bezeichnen wir Zahlen der Form $a + bi$ mit $a, b \in \mathbb{R}$. Die Addition sehen wir hier

$$(a + b\,i) + (c + d\,i) = (a + c) + (b + d)\,i$$

(analog funktioniert die Subtraktion) und multipliziert werden sie folgendermaßen

$$(a + b\,i)(c + d\,i) = (ac - bd) + (ad + bc)i\,.$$

(Dies entspricht dem gewöhnlichen Ausmultiplizieren reeller Zahlen.) Wir nennen a den *Realteil* und b den *Imaginärteil* von $a + bi$. Hier sehen wir noch die Vorgehensweise bei der Division:

$$\frac{a + b\,i}{c + d\,i} = \frac{(a + b\,i)(c - d\,i)}{(c + d\,i)(c - d\,i)} = \frac{ac + bd}{c^2 + d^2} + \frac{bc - ad}{c^2 + d^2}i\,.$$

Die *komplexe Konjugation* einer komplexen Zahl $z = a + b\,i$ entsteht durch Vorzeichenwechsel des Imaginärteils:

$$\bar{z} := a - b\,i\,.$$

Nur reelle Zahlen, also komplexe Zahlen mit einem Imaginärteil von Null, sind gleich ihrem komplex konjugierten Gegenstück. Weiterhin gilt $z\bar{z} \in \mathbb{R}$, was erklärt, weshalb bei der Division komplexer Zahlen mit dem komplex konjugierten Nenner erweitert wird.

Jede komplexe Zahl $z = a + b\,i$ kann in der Form

$$z = r(\cos\varphi + i\sin\varphi) = re^{i\varphi}$$

dargestellt werden, wobei letztere Umformung die so genannte Euler-Formel beinhaltet. Die zuletzt erwähnten Sachverhalte werden durch folgende Skizze verdeutlicht:

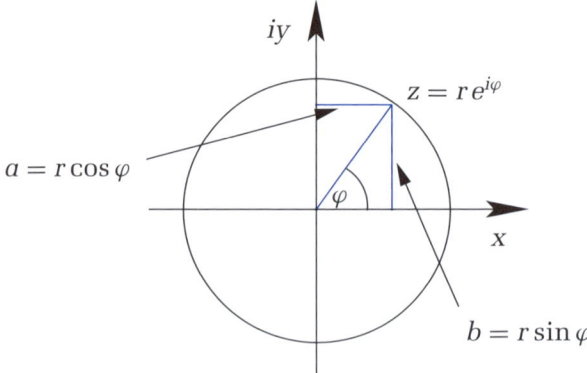

Komplexe Konjugation bedeutet in dieser Schreibweise ein Vorzeichenwechsel des Winkels φ:

$$\bar{z} = r(\cos\varphi - i\sin\varphi) = r(\cos(-\varphi) + i\sin(-\varphi)) = re^{-i\varphi}\,.$$

In der Skizze entspricht dies also einer Drehung in die entgegengesetzte Richtung.

1.3   Abbildungen

1.3.1   Was ist eine Abbildung?

Eine *Abbildung f* von einer Menge A in eine Menge B, wir schreiben

$$f\colon A \to B\,,$$

ordnet jedem Element $a \in A$ ein $b \in B$ zu. Wir schreiben dann $f(a) = b$ oder auch $a \mapsto b$. Beispiele aus der Schule sind $f\colon \mathbb{R} \to \mathbb{R}$ mit $f(x) := x$, $f(x) := 3x + x^2$ oder $f(x) = 2x + \sin(\pi x)$.

Wir werden später sehen, dass im Sinne der Linearen Algebra nur bestimmte Abbildungen interessant sind.

Abbildungen, welche in die reellen oder komplexen Zahlen abbilden, werden auch *Funktionen* genannt. Die drei Abbildungen oben sind also Beispiele für Funktionen.

Ist $X \subseteq A$ und $Y \subseteq B$, so heißt

$$f(X) := \{f(a) \mid a \in X\} \subseteq B$$

Bildmenge oder *Bild* von X und

$$f^{-1}(Y) := \{a \in A \mid f(a) \in Y\} \subseteq A$$

Urbildmenge oder einfach nur *Urbild* von Y bezüglich f.

1.3.2 Verknüpfung von Abbildungen

Manchmal möchten (oder müssen) wir nicht auf direktem Weg von einer Menge A zu einer Menge B gelangen, sondern wollen dies über einen Umweg über mehrere Mengen $X_1, X_2, \ldots, X_n$ tun. Gibt es zwischen all diesen Mengen jeweils Abbildungen, so können wir diese hintereinander schalten, um letztendlich über alle „Zwischenstationen" von A nach B zu kommen. Das sieht dann so aus:

$$A \xrightarrow{f_1} X_1 \xrightarrow{f_2} X_2 \xrightarrow{f_3} \ldots \xrightarrow{f_{n-1}} X_{n-1} \xrightarrow{f_n} X_n \xrightarrow{f_{n+1}} B \,.$$

Zumeist sind nicht so viele Stationen nötig und es kommt nur eine weitere Menge vor. Das Diagramm ist dann wie folgt:

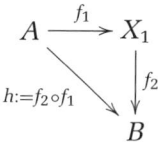

Hier ist also eine neue Abbildung $h := f_2 \circ f_1$ (lies: „f_2 Kringel f_1" oder „f_2 nach f_1") gegeben, die durch *Verknüpfung* (auch *Zusammensetzung* oder *Hintereinanderausführung* genannt) von f_1 und f_2 entsteht. Dies wird durch das Symbol „$\circ$" gekennzeichnet. Das Diagramm heißt *kommutativ*, wenn sich h – also die Abbildung von A direkt nach B – so wie hier gezeigt darstellen lässt, wenn also auf beiden Wegen entlang der Pfeile von A nach B stets das Gleiche herauskommt. Wie berechnet sich nun aber h praktisch, wenn f_1 und f_2 bekannt sind? Das geht so:

$$h(a) = (f_2 \circ f_1)(a) = f_2(f_1(a)) \,.$$

Nun ist auch klar, wie die Reihenfolge zu lesen ist, denn in der angegebenen Form wirkt f_1 auf a und f_2 dann auf dieses Ergebnis. Umgangssprachlich formuliert: f_1 frisst zuerst a und was f_1 dann ausspuckt, wird wiederum von f_2 gefressen. Klingt unschön, ist aber prägnant.

1.3.3 Einige Eigenschaften von Abbildungen

Denken wir an Abbildungen, können uns folgende Fragen in den Sinn kommen: Wenn f von A nach B abbildet, welche Elemente von B werden eigentlich erreicht? Bleibt etwa in B etwas „übrig"? Wird jedes Element aus B mit den Elementen aus A durch f nur einmal oder einige gar mehrfach erreicht?

Um diese Sachverhalte zu klären, haben die Mathematiker vorgesorgt. Wir holen tief Luft und betrachten die Begrifflichkeiten der folgenden Definition:

Definition **Surjektiv, injektiv, bijektiv**

Sei $f\colon A \to B$ eine Abbildung:

1. f heißt *surjektiv*, wenn $f(A) = B$ gilt.

2. f heißt *injektiv*, wenn für alle $x, y \in A$ aus $x \neq y$ folgt: $f(x) \neq f(y)$.

3. f heißt *bijektiv*, wenn f surjektiv und injektiv ist.

Die Definitionen sind klar formuliert; dennoch wollen wir noch ganz einfach ausdrücken, was gemeint ist, und stellen uns daher vor, dass f der Vermittler ist, der jeweils durch ein Element a aus A den Auftrag bekommt, Elementen aus B einen Eimer Wasser über den Kopf zu gießen. Surjektiv bedeutet dann, dass alle Elemente von B nass sind. Es kann dabei beispielsweise sein, dass ein (armes) $b \in B$ drei Eimer über den Kopf bekommt. Wichtig ist nur: Alle b sind nass. Injektivität garantiert, das jedes b aus B höchstens einen Eimer „zugewiesen" bekommt. Es kann aber am Ende noch trockene Elemente von B geben, aber keines wurde mehrmals begossen. Bijektiv heißt nun also: Jedes b bekommt genau aus einem Eimer Wasser ab.

1.4 Vom richtigen Umgang mit der Aussagenlogik

Im Alltag ist es üblich und wichtig, Aussagen miteinander zu verknüpfen. Teils sind die Folgerungen aus bestimmten Aussagen allerdings fragwürdig (Werbung und Politik gelten als gute Beispielgeber). In der Mathematik darf uns das nicht passieren! Aussagen müssen ordentlich und eindeutig verknüpft werden und wenn eine Aussage aus einer anderen folgt oder zwei Aussagen gar äquivalent sind, muss dies auch wirklich bewiesen werden. Als strenges Hilfsmittel zur Formulierung soll daher alles auf den Regeln der Aussagenlogik basieren. In dieser werden Aussagen verknüpft und im Folgenden halten wir uns an die hier eingeführte Strenge.

Eine *Aussage* ist dabei ein Satz in umgangssprachlicher oder mathematischer Formulierung, der einen Sachverhalt beschreibt, dem als *Wahrheitswert* stets „1" (wahr) oder „0" (falsch) zugeordnet werden kann. Eine Aussage kann dabei stets nur einen Wahrheitswert annehmen, der allerdings außerhalb der Mathematik vom Betrachter abhängen kann.

Mathematik macht Spaß!

ist ein Beispiel. (Wir bitten den Leser aber an dieser Stelle die „1" zu zücken. Danke!)

Wenn wir in Zukunft ein „*und*" zwischen zwei Aussagen verwenden – als Zeichen $\wedge$ – so ist unsere Grundlage die folgende Wahrheitstabelle, in der A_1 und A_2 Aussagen sind:

A_1	A_2	A_1 und A_2
wahr	wahr	wahr
wahr	falsch	falsch
falsch	wahr	falsch
falsch	falsch	falsch

„*Oder*" – als Symbol $\vee$ – hat folgende Werte:

A_1	A_2	A_1 oder A_2
wahr	wahr	wahr
wahr	falsch	wahr
falsch	wahr	wahr
falsch	falsch	falsch

Bitte beachten Sie, dass das hier verwendete „*oder*" dem entspricht, was wir im Abschnitt über die Mengen bemerkt haben: Dort sorgte das – hier exakt definierte – „oder" genau dafür, dass x auch zu $A \cup B$ gehörte, wenn es sowohl Element von A als auch von B ist. Dies entspricht der ersten Zeile der Tabelle.

Die „*Implikation*" ($\rightarrow$ bzw. $\Rightarrow$) genügt der Tabelle:

A_1	A_2	A_1 impliziert A_2
wahr	wahr	wahr
wahr	falsch	falsch
falsch	wahr	wahr
falsch	falsch	wahr

Für die Implikation verwenden wir auch das Synonym „es folgt" und das Symbol $\Rightarrow$, sofern nicht reine mathematische Logik betrieben wird.

Ferner gibt es auch die „Äquivalenz" ($\leftrightarrow$ bzw. $\Leftrightarrow$):

A_1	A_2	A_1 äquivalent A_2
wahr	wahr	wahr
wahr	falsch	falsch
falsch	wahr	falsch
falsch	falsch	wahr

Als letztes Symbol führen wir die „*Negation*" ($\neg$) ein, die den Wahrheitswert einer Aussage einfach in das Gegenteil ändert:

A	nicht A
wahr	falsch
falsch	wahr

Wir möchten noch etwas zur Implikation bemerken, was insbesondere bei der Beweisführung nützlich ist, und machen uns zuerst klar, dass folgende Aussage gilt, wie wir anhand der Wahrheitstabellen leicht überprüfen können (bitte machen Sie das auch!):

$$(A_1 \rightarrow A_2) \leftrightarrow (\neg A_2 \rightarrow \neg A_1).$$

Warum hilft dies beim Führen von Beweisen? Weil wir nun wissen, wie ein Widerspruchsbeweis gemacht wird. Denn anstatt „Aus A_1 folgt A_2" lässt sich auch „Aus $\neg A_2$ folgt $\neg A_1$" zeigen, was wegen der Äquivalenz das Gleiche ist, aber manchmal einfacher, sofern es den Beweis betrifft. Wir werden davon später Gebrauch machen.

Ferner wird die Implikation oft (aus Versehen, aus Faulheit oder mutwillig) mit der Äquivalenz verwechselt. So haben Sie in der Schule eventuell Folgendes gesehen, was wir hier in zwei Varianten präsentieren:

i) $x = 1 \quad \Rightarrow \quad x^2 = 1$,

ii) $x = 1 \quad \Leftrightarrow \quad x^2 = 1$.

Was ist richtig? Natürlich i), denn $x^2 = 1$ wird auch von $x = -1$ erfüllt. Wie Sie sehen, haben wir hier „$\Rightarrow$" und „$\Leftrightarrow$" verwendet, was für den mathematischen Hausgebrauch üblich ist. (Der Logiker bevorzugt „$\rightarrow$" und „$\leftrightarrow$".)

Zum Abschluss wollen wir noch ein kleines logisches Rätsel lösen: Wir stellen uns eine Welt vor, in der ein Mensch entweder stets lügt oder stets die Wahrheit sagt. In einer kleinen Vorstadt ist ein Mord passiert und Kommissar K. Piert sucht nun das Haus des Hauptverdächtigen Herrn M. auf. Dieser öffnet und der Kommissar muss nun erst einmal feststellen, ob Herr M. ein Lügner ist oder nicht. Eine direkte Frage „Sind Sie ein Lügner?" würde in jedem Fall die Antwort „Nein" ergeben und nichts nützen. Doch Kommissar

Piert ist erfahren und fragt geradeheraus: „Sind Sie und Ihre Frau Lügner?"
Herr M. stutzt einen Moment und antwortet: „Wir sind beide Lügner." Ein
Lächeln huscht über das Gesicht des Kommissars, denn nun weiß er Bescheid
und wird Herrn M. in Kürze verhaften.

Doch schauen wir uns anhand einer Tabelle genauer an, was aus der Antwort von Herrn M. gefolgert werden kann, wenn kein Kommissar in der Nähe
ist, dafür aber ein Buch über Aussagenlogik. A_1 steht für die Aussage: „Herr M.
sagt die Wahrheit." und A_2 für: „Frau M. sagt die Wahrheit." Herrn M.s Antwort ist die Aussage $(\neg A_1 \wedge \neg A_2)$. Wenn Herr M. immer die Wahrheit sagt,
muss auch diese Aussage wahr sein, wenn er stets lügt, ist auch diese Aussage falsch. Somit sind die Aussagen A_1 und $(\neg A_1 \wedge \neg A_2)$ äquivalent, d. h.
$(A_1 \leftrightarrow (\neg A_1 \wedge \neg A_2))$ ist eine wahre Aussage und dies bekommen wir nur in
der dritten Zeile der folgenden Tabelle heraus, nach der Herr M. ein Lügner
und seine Frau keine Lügnerin ist:

A_1	A_2	$\neg A_1$	$\neg A_2$	$\neg A_1 \wedge \neg A_2$	$A_1 \leftrightarrow (\neg A_1 \wedge \neg A_2)$
wahr	wahr	falsch	falsch	falsch	falsch
wahr	falsch	falsch	wahr	falsch	falsch
falsch	wahr	wahr	falsch	falsch	wahr
falsch	falsch	wahr	wahr	wahr	falsch

Was ist Lineare Algebra und wofür wird sie verwendet?

Wir geben hier einen Überblick über die Inhalte dieses Buches und wollen dieses Kapitel als einleitende Gesamtmotivation verstanden wissen, in der Sie der Linearen Algebra ein erstes Mal die Hand geben sollen. Wir stellen Ihnen einige wesentliche Teile der Linearen Algebra in obigem Sinne vor und erwarten keinesfalls, dass Sie damit sofort vertraut sind. Dazu dienen die anderen Kapitel in diesem Buch. Denken Sie sich also einen Flug über ein Gebirge: Sie sehen alle Gipfel aus der Ferne, müssen aber noch keinen erklimmen.

Die beiden Worte in „*Lineare Algebra*" können wir isoliert betrachten und feststellen, dass „*linear*" vom lateinischen „*linea*" stammt, was so viel wie „*gerade Linie*" heißt. „Algebra" kommt vom arabischen „*al-jabr*" und bedeutet in etwa „*Zusammenfügen gebrochener Teile*". Aus moderner Sichtweise ließe sich also aus den beiden Worten folgern, dass wir es mit geraden Linien und dem Rechnen mit Variablen zu tun haben, um daraus neue Ergebnisse zu erhalten. Das ist aber zu kurz gesprungen. Wir sollten vielmehr die Begrifflichkeit „*Lineare Algebra*" als ein mathematisches Teilgebiet auffassen, in dem es – um nur das Wesentliche zu nennen – um das Folgende geht:

- Lösung und Untersuchung linearer Gleichungssysteme,
- Vektoren und Vektorräume,
- Abstands- und Winkelmessung,
- Eigenwerte und -vektoren.

Bei der Behandlung dieser Begriffe werden Sie zahlreiche Hilfsmittel kennen lernen wie z. B. Matrizen, Determinanten, lineare Abbildungen, lineare Unabhängigkeit, Skalarprodukte und einiges mehr. All dies braucht Sie nicht zu verwirren oder Ihnen gar Angst zu machen. Wir werden Sie auf dem Weg zu den neuen Dingen hilfreich begleiten. Allerdings geht keine Wanderung durch das Gebirge ohne Mühe. Aber Training hilft stets, das Ganze leichter zu bewältigen. Bei dieser Gelegenheit wollen wir nochmals die Bedeutung der Aufgabensammlungen zu jedem Kapitel betonen.

Zu den Begriffen aus obiger Aufzählung wollen wir einige Bemerkungen machen:

Lineare Gleichungssysteme sind Systeme von Gleichungen der Art

$$x_1 + 2x_3 = 14$$
$$3x_1 + 2x_2 - 4x_3 = 5 \, .$$

Die einzelnen Gleichungen – allgemein mit n Unbekannten (die wir im Folgenden auch gerne Variablen nennen) – haben also stets die Gestalt

$$a_1x_1 + a_2x_2 + a_3x_3 + \ldots + a_{n-1}x_{n-1} + a_nx_n = b \, .$$

Die a_i sind dabei reelle oder komplexe Zahlen, die x_i die Unbekannten und b ist ebenfalls eine reelle oder komplexe Zahl, die Inhomogenität genannt wird.

Interessant ist dabei z. B. ob es überhaupt Lösungen gibt, wie diese aussehen und ob sie sogar eindeutig sind. Die entsprechenden Beurteilungs- und Berechnungsmethoden hierfür werden wir erlernen.

Lineare Gleichungssysteme wären nutzlos, könnten wir mit ihnen nicht Fragen des Alltags lösen. Ein Eimer-Fabrikant kann z. B. die folgende Fragestellung formulieren: Er hat 10 Einheiten Kunststoff und 12 Einheiten Metall. Ein großer Eimer aus dem Produktionssortiment benötigt zur Herstellung 3 Einheiten Kunststoff und 1 Einheit Metall, für einen kleinen Eimer braucht er 1 Einheit Kunststoff und 1 Einheit Metall. Welche Anzahl großer und kleiner Eimer kann er produzieren, ohne dass Reste anfallen? Als lineares Gleichungssystem erhalten wir

$$3x_1 + x_2 = 12$$
$$x_1 + x_2 = 10 \,.$$

Dabei ist dann x_1 die Anzahl der großen, x_2 die der kleinen Eimer. Um die Lösung kümmern wir uns erst einmal nicht.

Vektoren haben Sie in der Schule meist als Pfeile in der Ebene behandelt, die zu bestimmten Punkten im Koordinatensystem zeigen. In der Physik wurde dieser Begriff dann z. B. verwendet, um Kräfte zu beschreiben oder um durch die Länge des Vektors und seine Richtung die Geschwindigkeit eines Balles anzugeben. Der Begriff des Vektors ist damit aber noch lange nicht genau geklärt. Mathematiker suchen nach allgemeinen Strukturen, die dann gesonderte Namen bekommen. Elemente einer Menge, die sich in diese Strukturen einfügen und die Menge in gewisser Weise nicht verlassen (können), bilden dann eine Gesamtheit, die häufig als Raum bezeichnet wird. So gibt es auch eine spezielle Struktur, der die Vektoren genügen; das Ganze wird **Vektorraum** genannt. Vektoren sind dann nicht mehr ausschließlich „Pfeile". Vielmehr werden wir lernen, dass auch Funktionen und andere Objekte Vektoren in einem Vektorraum sein können.

Werden auf einem Tisch oder im uns umgebenden Raum zwei Punkte miteinander verbunden, so am einfachsten mit einer geraden Linie. Nun können wir die Frage stellen, wie lang diese Verbindungslinie ist. Liegen zwei Geraden vor: Wie groß ist der Winkel zwischen beiden? Dies sind Fragen nach der **Abstands- und Winkelmessung**. Die Lineare Algebra stellt uns hierfür Hilfsmittel zur Verfügung, die wir dann *Norm* und *Skalarprodukt* nennen. So werden wir einfach zwei Punkte mit einem Vektor verbinden, welcher genau auf der Verbindungslinie liegt, und seine Länge messen, indem wir die Norm des Vektors berechnen. Die Richtung verschiedener Geraden wird dann wieder durch Vektoren beschrieben. Mit dem Skalarprodukt können wir den Winkel zwischen ihnen berechnen und damit auch den Winkel zwischen Geraden.

Eigenwerte sind etwas ganz Besonderes. Sie werden uns bei zahlreichen Überlegungen hilfreich sein und die Arbeit vereinfachen. Darüber hinaus sind sie aber auch für sich betrachtet interessant. Wir können einfach verstehen, was ein Eigenwert ist. Betrachten wir hierzu als Beispiel die folgende Gleichung, wobei $f(x)$ eine Funktion ist und $\lambda \in \mathbb{R}$. Auf der linken Seite stehe die erste Ableitung der Funktion, also $\left(\frac{df}{dx}(x) = f'(x) \right)$:

$$\frac{df}{dx}(x) = \lambda f(x) \, .$$

Diese Gleichung mag kompliziert erscheinen. Aber es gibt einfache Lösungen. So ist $f(x) := e^{\lambda x}$ eine Lösung für jedes beliebige $\lambda \in \mathbb{R}$:

$$\frac{df}{dx}(x) = \frac{de^{\lambda x}}{dx} = \lambda e^{\lambda x} \, .$$

Gleichungen dieser Art – die wir noch allgemeiner betrachten werden – heißen *Eigenwertgleichungen* und λ *Eigenwert* zum *Eigenvektor* $e^{\lambda x}$. Ihre allgemeine Form ist

$$F\vec{v} = \lambda \vec{v} \, ,$$

wobei wir unter F hier naiv etwas verstehen wollen, was auf den Vektor $\vec{v}$ „wirkt". In unserem Beispiel ist F einfach die erste Ableitung und $\vec{v} := f(x)$. Die Funktion $f(x) = e^{\lambda x}$ sieht sicher nicht so aus, wie Sie es von Vektoren aus der Schule vielleicht kennen. Dies soll uns aber jetzt nicht weiter stören, denn wir werden über den Zusammenhang noch einiges erfahren. Dass Sie unser hier gewähltes $f(x)$ ableiten können, haben wir vorausgesetzt; es sollte Ihnen in der Schule begegnet sein. Wenn nicht, betrachten Sie die obige Rechnung vorerst einfach als Tatsache.

Neben der reinen innermathematischen Anwendung von Eigenwerten haben diese auch in den Naturwissenschaften eine große Bedeutung. So werden durch bestimmte Abbildungen – die dann z. B. Namen wie „Hamilton-Operator" tragen – physikalische Systeme beschrieben, deren Eigenwerte beispielsweise die diskreten Energiezustände eines Atoms repräsentieren. Dies ist hier natürlich sehr vage formuliert und es erwartet niemand, dass Sie dies an dieser Stelle bereits fassen können. Dazu sind sicherlich auch noch ein paar Semester Physik nötig. Aber das Beispiel gibt einen Ausblick auf das, was die Methoden und Grundideen der Linearen Algebra in ihrer Weiterentwicklung leisten können. Es ist gut zu wissen, dass es noch Einiges hinter dem Horizont gibt.

Ein weiterer interessanter Zusammenhang mit den Naturwissenschaften ist durch das so genannte *Superpositionsprinzip* gegeben. Physikalisch bedeutet dies, dass die Summe zweier Zustände eines Systems auch wieder ein Zustand des Systems ist. So kann sich eine Gitarrensaite in bestimmten Schwingungszuständen befinden. Lassen sich diese geeignet mathematisch durch Funktionen beschreiben, so ist unter bestimmten Voraussetzungen die

Summe der Funktionen wieder die Beschreibung eines Schwingungszustandes der Saite.

In den Veranstaltungen zur Linearen Algebra findet sich zumeist auch ein Teil über Differenzialgleichungen, welche ein wesentliches Element bei der Beschreibung von Phänomenen in Naturwissenschaft und Technik sind. Wie der Name vermuten lässt, geht es hierbei auch um das Differenzieren (Ableiten). Dies ist aber gerade ein Thema, welches in die Analysis gehört, von der hier eigentlich nicht die Rede ist. Es wird davon ausgegangen, dass Sie die Analysis-Veranstaltung parallel zur Linearen Algebra hören und dann am Ende des Semesters in der Lage sind, Grundlegendes über das Differenzieren so anwenden zu können, dass es für einen Blick auf die Differenzialgleichungen reicht. Bevor wir rechtfertigen, was dies alles nun in den Veranstaltungen der Linearen Algebra zu suchen hat, wollen wir Sie ein erstes Mal mit Differenzialgleichungen bekannt machen. Eigentlich ist es sogar das zweite Mal, denn die bereits oben betrachtete Gleichung

$$\frac{df}{dx}(x) = \lambda f(x)\,,$$

die wir auch in der (bei Differenzialgleichungen häufig verwendeten) Form

$$f'(x) - \lambda f(x) = 0$$

schreiben können, ist eine Differenzialgleichung. Eine solche zeichnet sich dadurch aus, dass sie eine gesuchte Funktion und deren Ableitung(en) enthält. Hier kommt neben der Funktion $f(x)$ nur die erste Ableitung $f'(x)$ vor, das muss aber allgemein nicht so sein. Gesucht ist hier also ein $f(x)$, durch welches die Gleichung erfüllt wird. Eine Lösung hatten wir bereits erwähnt: $f_1(x) = e^{\lambda x}$. Offensichtlich ist aber auch $f_2(x) = 2e^{\lambda x}$ eine Lösung (zur Unterscheidung nennen wir nicht beide f, sondern f_1 und f_2). Sie können leicht überprüfen, dass auch $f_1 + f_2$ eine Lösung ist.

Das faszinierende ist nun, dass sich diese Struktur (Multiplikation mit einer Konstanten ergibt eine neue Lösung ebenso wie die Addition zweier Lösungen) auch bei den oben angesprochenen linearen Gleichungssystemen findet! Auch dort sind, wenn wie bei den Differenzialgleichungen bestimmte Bedingungen gelten, Summen von Lösungen wieder Lösungen. Das ist der Grund, warum wir im Rahmen der Linearen Algebra gerne einen Blick auf Differenzialgleichungen werfen: Es liegt an den gemeinsamen Strukturen. Weiterhin fällt auf, dass wir die obige Gleichung als Beispiel zu den Themen „Differenzialgleichungen" und „Eigenwerte" verwendeten. Dies legt zusätzlich einen Zusammenhang der Differenzialgleichungen mit der Linearen Algebra nahe.

Vektorräume und lineare Unabhängigkeit

3

ÜBERBLICK

3.1   Motivation

Vieles im täglichen Leben lässt sich durch eine Zahl beschreiben: So hat der Januar 31 Tage und ein Byte sind acht Bit. Hierbei handelt es sich um so genannte *skalare Größen*. Darüber hinaus gibt es jedoch Dinge, die sich nicht alleine durch eine Zahl beschreiben lassen, sondern bei denen auch eine Richtung von Bedeutung ist; Beispiele kommen häufig aus der Physik. So bewegt sich eine Kugel beim Billard mit einer bestimmten Geschwindigkeit. Diese hat einen bestimmten Wert, auch Betrag genannt, aber auch eine Richtung, die von Bedeutung ist:

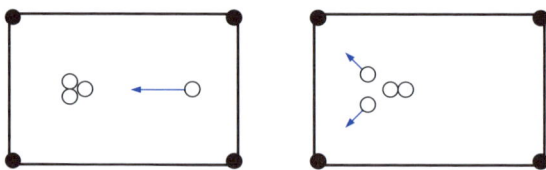

Gleiches gilt auch für die Kraft, bei deren Wirkung es ebenfalls auf Betrag und Richtung ankommt. Wir sprechen, sofern Betrag und Richtung kennzeichnend sind, von einem *Vektor*, der gewöhnlich als Pfeil gezeichnet wird. Wir werden jedoch sehen, dass das bisher Geschriebene nur die halbe Wahrheit ist, denn Vektoren sind viel mehr, nämlich Elemente von Mengen, auf denen zuvor eine besondere Struktur festgelegt wurde. Dies führt zum Begriff des *Vektorraumes*. Ein solcher kann z. B. als Elemente auch Funktionen mit bestimmten Eigenschaften enthalten. Zur Darstellung solcher Vektoren versagt dann aber die einfache Vorstellung in Form von Pfeilen.

Unsere bisherige Herangehensweise ist vornehmlich physikalisch motiviert. Es lässt sich aber auch ganz einfach die Frage stellen: Wie erreichen wir Punkte im „Raum"? Beispielsweise so:

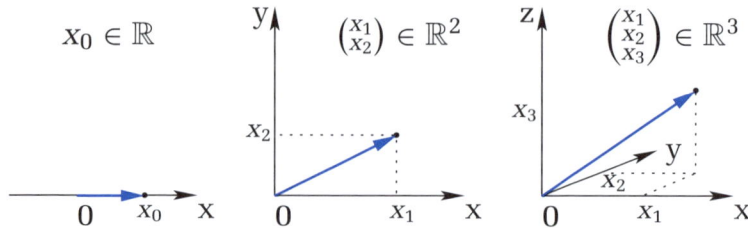

Es ist klar, dass der Begriff Raum hier intuitiv verwendet wurde, denn offensichtlich haben wir nur die gängige Anschauung bemüht und Vektoren als Pfeile in allseits bekannte Koordinatensysteme eingezeichnet. Dabei fällt auf, dass die mathematische Darstellung der Vektoren einfach dadurch geschieht, dass die Koordinaten (die Sie nach Projektion des Vektors auf die Koordinatenachsen ablesen können) einfach in Klammern geschrieben werden, wie oben geschehen. Dabei sehen wir das erste Mal die Bezeichnung $\mathbb{R}^2$ und $\mathbb{R}^3$, was wir vorerst als „Ebene" und „Raum" verstehen wollen. Später wird klar werden, dass es sich dabei um so genannte *reelle Vektorräume* handelt.

Wir wollen dann auch wissen, ob sich eine Menge von Vektoren bereits durch wenige Vektoren vollständig beschreiben lässt. Die Hilfsmittel dafür sind für sich bereits interessant und nützlich.

3.2 Vektorräume

Mehrfach sprachen wir über Mengen mit einer besonderen Struktur. Es geht dabei im Wesentlichen darum, dass eine Menge betrachtet und durch Eigenschaften festgelegt wird, was mit den Elementen der Menge gemacht werden darf. Die dabei verwendeten Operationen dürfen nicht aus der Menge herausführen. Die Mathematiker reden bei Mengen mit einer Struktur dann allgemein von „Räumen". Wir machen uns dies mit einem Bild intuitiv klar: Betrachten wir einen Kreis und zeichnen in diesen, wie unten, den Radius an verschiedenen Stellen ein. Betrachten wir diese Radien als zwei Vektoren (als Pfeile visualisiert) und addieren sie mithilfe eines eingezeichneten Parallelogrammes, so zeigt der Ergebnisvektor aus dem Kreis heraus.

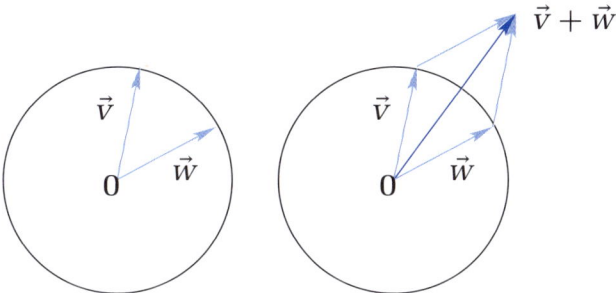

Das wollen wir nicht! Betrachten wir hingegen zwei Vektoren wie oben in der gesamten Ebene (die natürlich in alle Richtungen unendlich weit ausgedehnt ist), so bleiben wir auch nach Addition der Vektoren in der Ebene.

Wir definieren gleich den für die Lineare Algebra bedeutsamen Vektorraum. Für diese und auch für folgende Definitionen spielen die reellen ($\mathbb{R}$) oder komplexen Zahlen ($\mathbb{C}$) eine Rolle und um nicht alles einmal für $\mathbb{R}$ und einmal für $\mathbb{C}$ formulieren zu müssen, hat sich die Bezeichnung $\mathbb{K}$ als Stellvertreter für beide Mengen etabliert. Auch wir wollen darauf nicht verzichten. Das $\mathbb{K}$ stammt übrigens vom so genannten *Körper*, ebenfalls eine Menge mit einer besonderen Struktur. $\mathbb{R}$ und $\mathbb{C}$ sind in weiten Teilen der Mathematik die wichtigsten Körper. Wir wollen hier allerdings nicht näher auf diese Struktur eingehen und widmen uns nun dem Vektorraum:

Definition   # Vektorraum

Gelten für eine Menge V die unten stehenden Eigenschaften 1. bis 8. für alle $\vec{x}, \vec{y}, \vec{z} \in V$ und alle $\mu, \lambda \in \mathbb{K}$, so heißt die Menge V zusammen mit den Rechenoperationen „+" und „·" $\mathbb{K}$-*Vektorraum*.

1. $(\vec{x} + \vec{y}) + \vec{z} = \vec{x} + (\vec{y} + \vec{z})$ (Assoziativität der Addition)

2. $\vec{x} + \vec{0} = \vec{x}$ und $\vec{x} + (-\vec{x}) = \vec{0}$ (Nullvektor)

3. $\vec{x} + \vec{y} = \vec{y} + \vec{x}$ (Kommutativität)

4. $\lambda \cdot (\mu \cdot \vec{x}) = (\lambda\mu) \cdot \vec{x}$ (Assoziativität der Multiplikation mit Skalaren)

5. $\lambda \cdot (\vec{x} + \vec{y}) = \lambda \cdot \vec{x} + \lambda \cdot \vec{y}$ (Distributivität)

6. $1 \cdot \vec{x} = \vec{x}$

7. $\lambda \cdot \vec{x} \in V$

8. $\vec{x} + \vec{y} \in V$

Bemerkung

- Die Elemente eines Vektorraumes sind nicht immer, wie bereits erwähnt, „Pfeile" bzw. als solche darstellbar. Diese Art der Visualisierung ist nützlich, jedoch nicht allgemein anwendbar.

- Wir haben oben absichtlich „+" und „·" mit Anführungszeichen geschrieben, denn unter dem „Plus" bzw. „Mal" verstehen wir hier allgemein nicht mehr die Rechenoperationen, welche für reelle Zahlen bekannt sind. Ähnlichkeiten gibt es, jedoch müssen die verwendeten Rechenoperationen nachfolgend stets erst definiert werden. Bis dahin sind die verwendeten Symbole einfach Platzhalter, die konkretisiert werden müssen.

- Durch die Punkte 1. bis 8. haben wir nun die erwähnte Struktur gegeben, die uns zum einen sagt, was wir mit den Elementen machen dürfen. Zum anderen sagen uns die Punkte 7. und 8., dass wir beim Anwenden der Operationen nicht aus V herausgelangen können.   ■

Wir können uns gut vorstellen, dass all dies sehr technisch und „vom Himmel fallend" erscheint. Wir werden die Situation durch ein Beispiel entspannen:

▶ Beispiel

Denken wir uns anstelle der Vektoren $\vec{x}$ und $\vec{y}$ einfach reelle Zahlen x und y. Dann ist alles, was bei den Punkten 1. bis 6. steht, einfach nur das, was Sie schon immer über das Rechnen mit reellen Zahlen wussten. In gewisser Weise wird die zugrunde liegende Idee nur verallgemeinert.

Was ist aber die Rolle von 7. und 8.? Nun, wenn wir eine reelle Zahl mit einer anderen multiplizieren oder zwei reelle Zahlen miteinander addieren, so ist das Ergebnis wieder eine reelle Zahl. Die beiden Rechenoperationen führen also nicht aus der Menge hinaus.

Folgerung: Die reellen Zahlen $\mathbb{R}$ mit der gewöhnlichen Multiplikation und Addition bilden einen $\mathbb{R}$-Vektorraum. (Sie haben es bisher nur nicht gewusst.) Sehen Sie sich die Vektorraumdefinition unter diesem Aspekt noch einmal an.

3.3 Der Vektorraum der reellen Zahlen

Wir sind nun gerüstet, um ein weiteres Beispiel zu betrachten. Es ist eines der bedeutsamsten, da sich Betrachtungen in komplizierteren Vektorräumen stets auf solche in diesem Beispiel zurückführen lassen.

Wir führen hier den so genannten $\mathbb{R}^n$ ein; dieser ist ein Vektorraum, wie wir unter Verwendung der sogleich vorgestellten Rechenoperationen mit den Punkten 1. bis 8. leicht nachprüfen können. Seine Vektoren haben die Gestalt

$$\vec{x} := \begin{pmatrix} x_1 \\ x_2 \\ \vdots \\ x_n \end{pmatrix}, \quad x_1, x_2, \ldots, x_n \in \mathbb{R}.$$

Die Zahlen x_i heißen *Koordinaten* von $\vec{x}$. Die natürliche Zahl n im Exponenten von $\mathbb{R}^n$ gibt die Anzahl der Koordinaten seiner Vektoren an.

Ein spezieller Vektor ist der Nullvektor:

$$\vec{0} := \begin{pmatrix} 0 \\ \vdots \\ 0 \end{pmatrix}.$$

Wir sagen nun, welche Rechenoperationen hier verwendet werden:
Addition von Vektoren:

$$\begin{pmatrix} x_1 \\ x_2 \\ \vdots \\ x_n \end{pmatrix} + \begin{pmatrix} y_1 \\ y_2 \\ \vdots \\ y_n \end{pmatrix} := \begin{pmatrix} x_1 + y_1 \\ x_2 + y_2 \\ \vdots \\ x_n + y_n \end{pmatrix};$$

Multiplikation mit Skalaren:

$$\lambda \cdot \begin{pmatrix} x_1 \\ x_2 \\ \vdots \\ x_n \end{pmatrix} := \begin{pmatrix} \lambda x_1 \\ \lambda x_2 \\ \vdots \\ \lambda x_n \end{pmatrix}.$$

Diese beiden Operationen sind *Vektorraumoperationen*, wie sie in der Definition verwendet wurden.

▶ **Beispiel**

$$2 \cdot \begin{pmatrix} 3 \\ 2 \\ 1 \end{pmatrix} + \begin{pmatrix} 1 \\ 1 \\ 0 \end{pmatrix} = \begin{pmatrix} 6 \\ 4 \\ 2 \end{pmatrix} + \begin{pmatrix} 1 \\ 1 \\ 0 \end{pmatrix} = \begin{pmatrix} 7 \\ 5 \\ 2 \end{pmatrix}.$$

Bemerkung   Wir können in diesem Abschnitt statt Elementen aus $\mathbb{R}$ auch komplexe Zahlen verwenden und erhalten so $\mathbb{C}^n$, den Vektorraum der Vektoren mit n komplexen Koordinaten. ∎

3.4   Der Vektorraum reellwertiger Funktionen auf $\mathbb{R}$

Wir müssen zugeben, dass das letzte Beispiel für einen Vektorraum weder spektakulär noch schwierig war. Dies nimmt ihm allerdings nichts von seiner immensen Bedeutung! Dennoch möchten wir noch ein deutlich abstrakteres Beispiel vorstellen, welches weit von der Anschauung entfernt ist, denn Sie sollten keineswegs in dem Glauben bleiben, dass Vektoren stets als Pfeile – wie in der Schule – zu visualisieren sind.

Betrachten wir als Beispiel die Menge aller Funktionen $f \colon \mathbb{R} \to \mathbb{R}$. Wir zeigen im Folgenden, dass diese Menge zusammen mit der Addition

$$(f + g)(x) := f(x) + g(x)$$

und der Multiplikation mit Skalaren $\lambda \in \mathbb{R}$

$$(\lambda \cdot f)(x) := \lambda f(x)$$

die Vektorraumeigenschaften erfüllt. Der Trick dabei ist, dass durch die gerade gemachten Definitionen die beiden Rechenoperationen auf ihre Entsprechungen in $\mathbb{R}$ zurückgeführt werden, womit sich das Nachprüfen der Punkte 1.

bis 6. der Vektorraumdefinition erübrigt, als Beispiel führen wir dennoch die erste Vektorraumeigenschaft aus. Nach der definierten Addition ist

$$((f + g) + h)(x) = (f + g)(x) + h(x) = f(x) + g(x) + h(x) = f(x) + (g + h)(x)$$
$$= (f + (g + h))(x) \, ,$$

womit die erste Vektorraumeigenschaft nachgewiesen wäre.

Interessant bleibt die Abgeschlossenheit der Menge bezüglich dieser Rechenoperationen: Sind für sämtliche Funktionen $f, g \colon \mathbb{R} \to \mathbb{R}$ sowie für alle $\lambda \in \mathbb{R}$

$$\lambda \cdot f \quad \text{und} \quad f + g$$

wieder Funktionen von $\mathbb{R}$ nach $\mathbb{R}$? $\lambda \cdot f$ ordnet jedem $x \in \mathbb{R}$ die Zahl $\lambda f(x) \in \mathbb{R}$ und $f + g$ ordnet jedem $x \in \mathbb{R}$ die Zahl $f(x) + g(x) \in \mathbb{R}$ zu. Somit hätten wir auch die Abgeschlossenheit eingesehen.

Dass dies auch mal schief gehen kann, können wir bei der Überprüfung, ob diese Menge auch ein $\mathbb{C}$-Vektorraum ist, sehen. Die Frage lautet also: Ist die Menge aller Funktionen $f \colon \mathbb{R} \to \mathbb{R}$ ein $\mathbb{C}$-Vektorraum? Für λ sind somit alle komplexen Zahlen zugelassen, z. B. $\lambda = i$, und $\lambda f(x) = i f(x)$ ist mitnichten eine reellwertige Funktion, solange es sich bei f nicht um die Nullfunktion handelt. Dem gegenüber ist die Menge der Funktionen $f \colon \mathbb{C} \to \mathbb{C}$ sehr wohl ein $\mathbb{C}$-Vektorraum. Überlegen Sie bitte, ob diese Menge auch ein $\mathbb{R}$-Vektorraum ist.

3.5 Linearkombinationen

Die von uns verwendeten Operationen sind die Addition von Vektoren und die Multiplikation mit Skalaren. Durch diese erhalten wir aus bekannten Vektoren neue. Diese Vorgehensweise erheben wir nun zum Prinzip, nämlich zu dem der Linearkombination:

Definition **Linearkombination**

Sei V ein $\mathbb{K}$-Vektorraum; ein Vektor $\vec{v} \in V$ heißt *Linearkombination* der Vektoren $\vec{v}_1, \ldots, \vec{v}_k \in V$, wenn er sich folgendermaßen mit $\lambda_1, \ldots, \lambda_k \in \mathbb{K}$ darstellen lässt:

$$\vec{v} = \lambda_1 \vec{v}_1 + \ldots + \lambda_k \vec{v}_k \quad \left(=: \sum_{i=1}^{k} \lambda_i \vec{v}_i \right) .$$

Sprechweise: $\vec{v}$ lässt sich aus $\vec{v}_1, \ldots, \vec{v}_k$ *linear kombinieren*.

Aus praktischen Gründen haben wir oben gleich noch angegeben, wie das Summenzeichen $\sum$ definiert ist. Die Grenzen der Summation stehen dabei unterhalb bzw. oberhalb dieses Symbols.

▶ **Beispiel**

Der Vektor $\vec{v} = \begin{pmatrix} 2 \\ 5 \end{pmatrix}$ soll aus $\vec{v}_1 = \begin{pmatrix} 0 \\ 1 \end{pmatrix}$ und $\vec{v}_2 = \begin{pmatrix} 6 \\ 0 \end{pmatrix}$ linear kombiniert werden:

$$\vec{v} = 5 \cdot \begin{pmatrix} 0 \\ 1 \end{pmatrix} + \frac{1}{3} \cdot \begin{pmatrix} 6 \\ 0 \end{pmatrix} = 5\vec{v}_1 + \frac{1}{3}\vec{v}_2 \, .$$

Wir sehen sofort, dass hier $\lambda_1 = 5$ und $\lambda_2 = \frac{1}{3}$ ist.

Eine mögliche Frage: Ist $\begin{pmatrix} 0 \\ 0 \\ 1 \end{pmatrix}$ durch $\begin{pmatrix} 1 \\ 0 \\ 0 \end{pmatrix}$ und $\begin{pmatrix} 0 \\ 1 \\ 0 \end{pmatrix}$ linear kombinierbar?
Test:

$$\begin{pmatrix} 0 \\ 0 \\ 1 \end{pmatrix} = \lambda_1 \begin{pmatrix} 1 \\ 0 \\ 0 \end{pmatrix} + \lambda_2 \begin{pmatrix} 0 \\ 1 \\ 0 \end{pmatrix} = \begin{pmatrix} \lambda_1 \\ 0 \\ 0 \end{pmatrix} + \begin{pmatrix} 0 \\ \lambda_2 \\ 0 \end{pmatrix}$$

$$0 = \lambda_1 + 0$$
$$\Leftrightarrow \quad 0 = 0 + \lambda_2$$
$$1 = 0 + 0 \quad \text{(geht nicht!)}$$

Wir haben also gelernt, wie sich bestimmte Vektoren aus bereits bekannten Vektoren konstruieren (linear kombinieren) lassen. Was entsteht nun aber, wenn wir eine vorgegebene Menge von Vektoren betrachten und aus diesen alle möglichen Linearkombinationen bilden? Zuerst soll definiert werden, was dies mathematisch bedeutet:

Definition **Lineare Hülle, Spann**

Sei V ein $\mathbb{K}$-Vektorraum. Der *Spann* (oder die *lineare Hülle*) der Vektoren $\vec{v}_1, ..., \vec{v}_k \in V$ ist die Menge aller Vektoren, die sich aus $\vec{v}_1, ..., \vec{v}_k$ linear kombinieren lassen:

$$\text{Span}\left\{\vec{v}_1, ..., \vec{v}_k\right\} := \left\{\vec{v} = \lambda_1 \vec{v}_1 + ... + \lambda_k \vec{v}_k \mid \lambda_1, ..., \lambda_k \in \mathbb{K}\right\} .$$

Es ist dabei kein Fehler, dass wir hier „Span" anstelle von „Spann" schreiben, sondern einfach eine zumeist verwendete Konvention. Einige Autoren schreiben z. B. auch $L\{\vec{v}_1, \dots, \vec{v}_k\}$. Wir wollen ein Beispiel besonderer Art geben, indem wir auf die Visualisierung zurückgreifen: $\text{Span}\{\uparrow, \nearrow\} = \mathbb{R}^2$.

Warum ist das so? Zeichnen wir die beiden Vektoren auf ein Blatt Papier, so können wir durch einige Skizzen schnell sehen, dass wir durch Linearkombinationen der beiden Vektoren wirklich jeden Punkt auf dem Blatt erreichen, denn dies bedeutet ja gerade, die einzelnen Vektoren zu strecken (Multiplikation mit Skalaren) und diese aneinander zu legen (Addition von Vektoren). Bedenken Sie dabei bitte, dass die Richtung eines Vektors hier umgekehrt werden kann, wenn er mit (-1) multipliziert wird. Da wir auch ohne Probleme beliebig weit über das Blatt zeichnen können, wird klar, dass wir auch beliebig weit davon entfernte Punkte erreichen können. Als Ergebnis erhalten wir damit die ganze Ebene, also den $\mathbb{R}^2$.

Wir nähern uns nun der Antwort auf die Frage, ob zur Beschreibung eines Vektorraumes unendlich viele Vektoren nötig sind. Dazu betrachten wir die folgende Definition.

Definition **Erzeugendensystem**

Eine Familie $\vec{v}_1, \dots, \vec{v}_k \in V$ eines Vektorraumes V heißt *Erzeugendensystem* von V, wenn gilt:

$$\text{Span}\left\{\vec{v}_1, \dots, \vec{v}_k\right\} = V.$$

In Worten: Die Vektoren $\vec{v}_1, \dots, \vec{v}_k$ spannen den Vektorraum V auf.

▶ **Beispiel**

$$\begin{pmatrix} x_1 \\ x_2 \end{pmatrix} = x_1 \begin{pmatrix} 1 \\ 0 \end{pmatrix} + x_2 \begin{pmatrix} 0 \\ 1 \end{pmatrix},$$

also spannen $\begin{pmatrix} 1 \\ 0 \end{pmatrix}$ und $\begin{pmatrix} 0 \\ 1 \end{pmatrix}$ den gesamten $\mathbb{R}^2$ auf.

Was zuvor λ_1 und λ_2 hieß, haben wir hier einfach x_1 und x_2 genannt, weil dies zur Beschreibung der Koordinaten eines Vektors üblich ist.

Die beiden zuletzt genannten Vektoren haben also die Eigenschaft, dass aus ihnen die gesamte Ebene aufgespannt werden kann. Nehmen wir nur einen der beiden Vektoren, geht das nicht. So können wir durch $x_1 \begin{pmatrix} 1 \\ 0 \end{pmatrix}$ nur die reelle Zahlengerade erhalten und auch die Linearkombinationen von $\begin{pmatrix} 1 \\ 0 \end{pmatrix}$ und z. B. $\begin{pmatrix} 3 \\ 0 \end{pmatrix}$ liefern nichts anderes.

Definition   **Linear abhängig, linear unabhängig**

Sei V ein $\mathbb{K}$-Vektorraum. Die Vektoren $\vec{v}_1, ..., \vec{v}_k \in V$ heißen *linear abhängig*, wenn es $\lambda_1, ..., \lambda_k \in \mathbb{K}$ gibt, von denen mindestens eines ungleich Null ist, und folgende Gleichung erfüllt wird:

$$\lambda_1 \vec{v}_1 + ... + \lambda_k \vec{v}_k = \vec{0} \, .$$

Das heißt, dass es eine Linearkombination gibt, in der sich die Vektoren genau gegeneinander aufheben.

Die Vektoren heißen *linear unabhängig*, wenn aus $\lambda_1 \vec{v}_1 + ... + \lambda_k \vec{v}_k = \vec{0}$ folgt, dass $\lambda_1 = ... = \lambda_k = 0$ gilt.

Definition   **Basis, Dimension**

Ein linear unabhängiges Erzeugendensystem eines Vektorraumes heißt *Basis*. Die Anzahl der Vektoren in einer Basis heißt *Dimension* und die Dimension eines Vektorraumes V wird mit $\dim V$ bezeichnet.

Merke: Alle Basen eines Vektorraumes haben die gleiche Anzahl an Basisvektoren. Die Dimension ist somit sinnvoll definiert.

Wir werden hier, ohne dies im Folgenden gesondert zu bemerken, stets nur Vektorräume endlicher Dimension behandeln!

Natürlich gibt es auch zahlreiche interessante Dinge über den Fall unendlicher Dimension zu berichten. Dies ist aber hier nicht unser Anliegen, sondern es wird im Rahmen der „Funktionalanalysis" behandelt, einem weiteren Teilgebiet der Mathematik.

▶ **Beispiel**

$$\begin{pmatrix} 1 \\ 0 \\ 0 \\ \vdots \\ 0 \\ 0 \end{pmatrix} =: \vec{e}_1 \, , \quad \begin{pmatrix} 0 \\ 1 \\ 0 \\ 0 \\ \vdots \\ 0 \end{pmatrix} =: \vec{e}_2 \, , ..., \quad \begin{pmatrix} 0 \\ 0 \\ \vdots \\ 0 \\ 0 \\ 1 \end{pmatrix} =: \vec{e}_n \, .$$

Diese n Vektoren $\vec{e}_1, ..., \vec{e}_n$ bilden die so genannte *Standardbasis* des $\mathbb{R}^n$, was den $\mathbb{R}^n$ zu einem n-dimensionalen Vektorraum macht. Wir wollen kurz obige Definition der Basis hierfür nachprüfen.

- $\vec{e}_1, ..., \vec{e}_n$ sind linear unabhängig:
  Aus dem Gleichungssystem $\lambda_1 \vec{e}_1 + ... + \lambda_n \vec{e}_n = \vec{0}$ folgt $\lambda_1 \cdot 1 = 0$ (erste Zeile), $\lambda_2 \cdot 1 = 0$ (zweite Zeile), ..., $\lambda_n \cdot 1 = 0$ (letzte Zeile). Insgesamt sind somit alle $\lambda_k = 0$ für $1 \leq k \leq n$.

- $\vec{e}_1, ..., \vec{e}_n$ bilden ein Erzeugendensystem des $\mathbb{R}^n$:
  Zunächst einmal sind $\vec{e}_1, ..., \vec{e}_n \in \mathbb{R}^n$. Ein beliebiger Vektor $\vec{v} \in \mathbb{R}^n$ hat die Gestalt $\vec{v} = \begin{pmatrix} v_1 \\ \vdots \\ v_n \end{pmatrix}$, kann also als Linearkombination $\vec{v} = \sum_{k=1}^{n} v_k \vec{e}_k$ der Vektoren $\vec{e}_1, ..., \vec{e}_n$ geschrieben werden. Somit spannen $\vec{e}_1, ..., \vec{e}_n$ ganz $\mathbb{R}^n$ auf.

Definition Untervektorraum

Eine nichtleere Teilmenge T eines $\mathbb{K}$-Vektorraums V heißt *Teilraum* oder *Untervektorraum (UVR)*, wenn gilt:

1. für alle $\vec{x}, \vec{y} \in T \subset V$ folgt $\vec{x} + \vec{y} \in T$;

2. für alle $\vec{x} \in T$ und $\lambda \in \mathbb{K}$ folgt $\lambda \vec{x} \in T$.

Bemerkung Wichtig bei obiger Definition des Untervektorraumes ist natürlich, dass T auch wirklich Teilmenge eines Vektorraumes V ist. Die Definition zielt nämlich darauf ab, dass T selbst wieder ein eigenständiger Vektorraum ist, also die Vektorraumeigenschaften 1. bis 8. erfüllt. Die grundlegenden Rechenregeln 1. bis 6. gelten für alle Vektoren von V, also erst recht für alle von T, da T Teilmenge ist. Die Eigenschaften 7. und 8. – die Abgeschlossenheit bzgl. „+" und „·" – gewährleisteten, dass die beiden Rechenoperationen nicht aus der Menge herausführen. Dies muss für die kleinere Menge T nicht mehr unbedingt gelten und wird daher in der Definition des Untervektorraumes gefordert. ■

▶ **Beispiel**

1. $T := \mathbb{R}^2 \subset \mathbb{R}^3$ ist ein UVR des $\mathbb{R}^3$

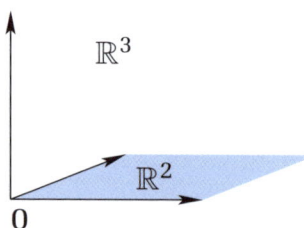

2. $T := \{\vec{0}\}$ ist UVR von $\mathbb{K}^n$.

3. $T := \left\{ \begin{pmatrix} x_1 \\ x_2 \end{pmatrix} \in \mathbb{R}^2 \mid x_1 = x_2 \right\}$ ist UVR des $\mathbb{R}^2$

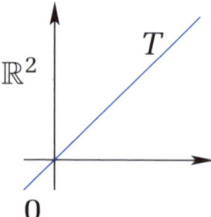

4. Eine Gerade, die nicht durch den Ursprung geht, ist *kein* UVR.

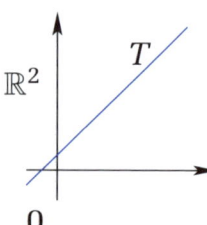

    Warum nicht?

5. Die Menge der differenzierbaren Funktionen $f: \mathbb{R} \to \mathbb{R}$ bildet einen UVR des $\mathbb{R}$-Vektorraums aller Funktionen von $\mathbb{R}$ nach $\mathbb{R}$. Denn die Summe zweier differenzierbarer Funktionen sowie reelle Vielfache differenzierbarer Funktionen sind wiederum differenzierbar.

Bemerkung Ein sehr leicht zu überprüfendes Kriterium bei der Untersuchung einer Menge im Hinblick auf die Untervektorraumeigenschaften ist das Folgende: Jeder Untervektorraum U eines Vektorraumes V enthält den Nullvektor. Erfüllt eine Menge also nicht einmal diese Bedingung, so können wir uns weitere Anstrengungen ersparen. Zunächst müssen wir diese Behauptung allerdings einmal (und dann nie wieder) als Folgerung der Untervektorraumdefinition untersuchen. In der Definition steht „Für alle $\vec{x} \in T$ und $\lambda \in \mathbb{R}$ folgt $\lambda\vec{x} \in T$." Nehmen wir uns also irgendein $\vec{x} \in T$ und wählen $\lambda = 0$. Falls T wirklich ein Untervektorraum ist, gilt damit $0 \cdot \vec{x} \in T$. Das Element $0 \cdot \vec{x}$ ist aber der Nullvektor $\vec{0}$. ∎

Schließlich können wir der linearen Abhängigkeit bzw. Unabhängigkeit ein wenig mehr Anschauung verleihen. Lineare Abhängigkeit zweier Vektoren bedeutet nichts anderes, als dass die beiden Vektoren Vielfache voneinander sind. Sie liegen also in *einem* eindimensionalen Untervektorraum. Lineare Abhängigkeit bei drei Vektoren bedeutet entsprechend, dass alle drei Vektoren in *einem* ein- oder zweidimensionalen Untervektorraum – einer Ursprungsgeraden oder -ebene – liegen.

3.6 Aufgaben

1 Stellen Sie, wenn möglich, die Vektoren

$$\text{a)} \quad \vec{v} = \begin{pmatrix} 0 \\ 1 \\ 2 \end{pmatrix}, \qquad \text{b)} \quad \vec{v} = \begin{pmatrix} 1 \\ 0 \\ -1 \end{pmatrix}, \qquad \text{c)} \quad \vec{v} = \begin{pmatrix} 1 \\ 1 \\ 1 \end{pmatrix}$$

als Linearkombination der Vektoren

$$\vec{w}_1 = \begin{pmatrix} 0 \\ 1 \\ 1 \end{pmatrix}, \quad \vec{w}_2 = \begin{pmatrix} 1 \\ 2 \\ 1 \end{pmatrix}, \quad \vec{w}_3 = \begin{pmatrix} 1 \\ 1 \\ 0 \end{pmatrix}$$

dar.

Kann ein Vektor $\vec{w}_i$ weggelassen werden, ohne die Menge der möglichen Linearkombinationen zu verringern?

2 Überprüfen Sie, welche der folgenden Mengen Untervektorräume sind.

(a) $W_1 := \{(x,y) \in \mathbb{R}^2 \mid x^2 = y\}$

(b) $W_2 := \{(x_1, x_2, x_3, x_4) \in \mathbb{R}^4 \mid x_1 + x_4 = 2x_2\}$

(c) $W_3 := \{(x_1, x_2, x_3) \in \mathbb{R}^3 \mid x_2 = 0\}$

(d) $W_4 := [0,1] \times \mathbb{R}$

(e) $W_5 := \{0\} \times \mathbb{R}$

3 Überprüfen Sie, ob die folgende Menge ein Vektorraum ist.

$$W := \left\{ p \colon \mathbb{R} \to \mathbb{R} \mid p(x) = \sum_{k=0}^{n} a_k x^k, a_k \in \mathbb{R} \right\},$$

also die Menge aller Polynome, deren Grad – d. h. größter auftretender Exponent – maximal n ist. Hierbei ist n eine feste natürliche Zahl.

Finden Sie dann eine Basis zu W und überprüfen Sie für Ihre Wahl die entsprechenden Eigenschaften.

4 Überlegen Sie, unter welchen Voraussetzungen eine Ebene im Raum einen Untervektorraum bildet. Wie sieht dies bei Geraden im Raum aus?

5 Finden Sie diejenigen Zahlen $\alpha \in \mathbb{R}$, für die folgende Vektoren eine Basis des $\mathbb{R}^3$ bilden.

$$\begin{pmatrix} 0 \\ 1 \\ 1 \end{pmatrix}, \quad \begin{pmatrix} 2 \\ 0 \\ -2 \end{pmatrix}, \quad \begin{pmatrix} 0 \\ \alpha + 1 \\ 1 \end{pmatrix}.$$

3.7 Lösungen

1 Die Vektoren sind sehr einfach gewählt, sodass schlichtes Probieren zu den Linearkombinationen führt. Bei komplizierteren Vektoren hilft das Lösen von linearen Gleichungssystemen (siehe Kapitel 5). In Teil a) hilft die Null in der ersten Komponente von $\vec{v}$. Um diese auch in der Linearkombination zu erhalten, stehen uns lediglich Kombinationen der Form $\vec{v} = a\vec{w}_1 + b(\vec{w}_2 - \vec{w}_3)$ zur Verfügung. Dabei fällt auf, dass $\vec{w}_2 - \vec{w}_3 = \vec{w}_1$ ist (merken!). Also gingen, wenn überhaupt, nur Linearkombinationen der Form $\vec{v} = c\vec{w}_1$; diese Gleichung stimmt offensichtlich nicht.

An dieser Stelle können wir bereits die Frage am Schluss der Aufgabe beantworten. Wegen

$$\vec{w}_2 - \vec{w}_3 = \vec{w}_1$$

kann jeder der drei Vektoren $\vec{w}_i$ in Linearkombinationen weggelassen und durch die anderen beiden ersetzt werden. Dies machen wir uns für die Betrachtungen in b) und c) natürlich zunutze und verzichten dabei auf, sagen wir, $\vec{w}_3$. Es interessieren also nur noch Linearkombinationen der Form

$$\vec{v} = a\vec{w}_1 + b\vec{w}_2 .$$

In Teil b) benötigen wir für die 1 in der ersten Komponente, dass $b = 1$ ist. Um die zweite Komponente zu Null zu bekommen, muss dann $a = -2$

sein, also $\vec{v} = -2\vec{w}_1 + \vec{w}_2$. In dieser Gleichung stimmt auch die dritte Komponente, sodass dies eine Linearkombination von $\vec{v} = \begin{pmatrix} 1 \\ 0 \\ -1 \end{pmatrix}$ darstellt.

In Teil c) kommen wir mit genau der gleichen Vorgehensweise wie in b) zu einem Widerspruch in der dritten Komponente, somit gibt es keine Linearkombination für $\vec{v} = \begin{pmatrix} 1 \\ 1 \\ 1 \end{pmatrix}$.

2 Bei der Untersuchung der Unterraumeigenschaft einer Menge sollte zunächst geprüft werden, ob der Nullvektor in der Menge enthalten ist. Dies ist ein sehr leicht zu testendes Kriterium. Ohne Nullvektor kann eine Menge kein Untervektorraum mehr sein.

(a) Wegen $0^2 = 0$ ist $\begin{pmatrix} 0 \\ 0 \end{pmatrix} \in W_1$. Allerdings sollte das Quadrat beim x misstrauisch machen. Also testen wir die zwei definierenden Unterraumeigenschaften,

i. $\vec{v}, \vec{w} \in W_1 \quad \Rightarrow \quad \vec{v} + \vec{w} \in W_1 \quad$ und

ii. $\vec{v} \in W_1 \quad \Rightarrow \quad \lambda \vec{v} \in W_1$,

zunächst einmal an zwei konkreten Vektoren aus der Menge, beispielsweise $\begin{pmatrix} 1 \\ 1 \end{pmatrix}$ und $\begin{pmatrix} 2 \\ 4 \end{pmatrix}$. Deren Summe ist $\begin{pmatrix} 3 \\ 5 \end{pmatrix}$, kein Vektor von W_1. Somit ist W_1 kein Untervektorraum.

(b) Auch W_2 enthält den Nullvektor. Tests konkreter Vektoren wie zuvor werden diesmal nicht zum Widerspruch führen. Also versuchen wir, die Unterraumeigenschaften für *alle* Vektoren von W_2 nachzuweisen. Seien dazu $\vec{v}, \vec{w} \in W_2$. Es gilt also für deren Komponenten $v_1 + v_4 = 2v_2$ und $w_1 + w_4 = 2w_2$. Die entsprechenden Gleichungen für die Summe $\vec{v} + \vec{w}$

$$(v_1 + w_1) + (v_4 + w_4) = 2(v_2 + w_2)$$

und für die Multiplikation mit Skalaren $\lambda \vec{v}$

$$(\lambda v_1) + (\lambda v_4) = 2(\lambda v_2)$$

kann daraus direkt gefolgert werden. Da wir keine konkreten Werte für $\vec{v}$ und $\vec{w}$ vorausgesetzt haben, sind die Vektorraumeigenschaften für alle Vektoren von W_2 erfüllt und W_2 ist somit ein Untervektorraum.

(c) Hier ist die Vorgehensweise die gleiche wie zuvor. W_3 ist ebenfalls ein Untervektorraum.

(d) In W_4 sind die Vektoren nur in der ersten Komponente eingeschränkt. Diese muss zwischen 0 und 1 liegen. Hierbei ist schnell einzusehen, dass die Addition und Multiplikation mit Skalaren leicht aus der Menge herausführen. Ein konkretes Gegenbeispiel ist

$$\begin{pmatrix} 1 \\ 2 \end{pmatrix} \in W_4, \quad \text{aber} \quad 2 \cdot \begin{pmatrix} 1 \\ 2 \end{pmatrix} \notin W_4.$$

W_4 ist somit kein Untervektorraum.

(e) Bei W_5 ist dies nicht der Fall und wir müssen die Vektorraumeigenschaften wieder für *alle* Vektoren von W_5 zeigen. Seien dazu $\vec{v}$, $\vec{w} \in W_5$, also $v_1 = w_1 = 0$. Offensichtlich ist sowohl für $\vec{v} + \vec{w}$ als auch für $\lambda \vec{v}$ die erste Komponente Null. Da dies die einzige Bedingung der Menge ist, gelten die Unterraumeigenschaften für W_5.

3 Die Eigenschaften 1. bis 6. der Vektorraumdefinition können stets auf die entsprechende Eigenschaft in $\mathbb{R}$ zurückgeführt werden. Interessant sind die 7. und 8. Vektorraumeigenschaft. Das sind die gleichen wie bei der Untervektorraumdefinition: die Abgeschlossenheit bzgl. Addition und Multiplikation mit Skalaren. Nun ist die Summe zweier Polynome wieder ein Polynom und das λ-Fache ebenfalls. Weiterhin erhöht sich dabei der Grad der Polynome nicht, somit ist W unter diesen Operationen abgeschlossen.

Mit einer Basis von W soll jedes Polynom maximal n-ten Grades dargestellt werden können. Mit $P_0(x) := 1$ können alle Polynome nullten Grades (Konstante Funktionen) linear kombiniert werden. Mit $P_0(x)$ und $P_1(x) := x$ können alle Polynome bis zum ersten Grad linear kombiniert werden. Allgemein dient

$$\{1, x, x^2, x^3, ..., x^n\}$$

als ein Erzeugendensystem der Menge W. Außerdem ist dieses System linear unabhängig, denn keines der *Mono*me – so heißen obige Grundbausteine der *Poly*nome – kann durch die anderen dargestellt werden. Somit haben wir eine Basis von W gefunden.

4 Da der Nullvektor Element eines jeden Untervektorraums ist, können allenfalls Ursprungsebenen Untervektorräume sein. Elemente $\vec{x}$ einer solchen Ebene erfüllen die Ebenengleichung

$$\vec{x} = \vec{0} + t\vec{v}_1 + s\vec{v}_2$$

und daran können die beiden Untervektorraumeigenschaften leicht nachgewiesen werden. Somit sind alle Ursprungsebenen Untervektorräume.

Geraden im Raum verhalten sich ähnlich. Nur Ursprungsgeraden sind Untervektorräume.

5 Jede Basis des $\mathbb{R}^3$ besteht aus drei linear unabhängigen Vektoren. Andererseits bilden je drei linear unabhängige Vektoren des $\mathbb{R}^3$ eine Basis. Insgesamt müssen wir also lediglich testen, für welche α die gegebenen Vektoren linear unabhängig sind. Nach der Definition der linearen Unabhängigkeit muss aus der Gleichung

$$\lambda_1 \begin{pmatrix} 0 \\ 1 \\ 1 \end{pmatrix} + \lambda_2 \begin{pmatrix} 2 \\ 0 \\ -2 \end{pmatrix} + \lambda_3 \begin{pmatrix} 0 \\ \alpha + 1 \\ 1 \end{pmatrix} = \begin{pmatrix} 0 \\ 0 \\ 0 \end{pmatrix}$$

$\lambda_1 = \lambda_2 = \lambda_3 = 0$ folgen. Für die erste Komponente der Gleichung, $2\lambda_2 = 0$ folgt bereits $\lambda_2 = 0$. Eingesetzt in die dritte Komponente ergibt sich $\lambda_1 + \lambda_3 = 0$, also $\lambda_1 = -\lambda_3$. Beides setzen wir in die zweite Komponente mit dem Parameter α ein und erhalten

$$-\lambda_3 + \lambda_3(\alpha + 1) = \lambda_3 \alpha = 0 \,.$$

Somit folgt auch $\lambda_3 = 0$, also die lineare Unabhängigkeit, falls $\alpha \neq 0$ ist. Für $\alpha = 0$ sind die Vektoren linear abhängig.

Lineare Abbildungen und Matrizen

4

ÜBERBLICK

4.1 Motivation

Ein Schlüsselbegriff in der Linearen Algebra ist derjenige der linearen Abbildung. Die Definition findet sich weiter unten und erst mit dieser können wir dann wirklich verstehen, worum es geht. Feststellen lässt sich aber, dass Sie bereits lineare Abbildungen kennen. So wird sich zeigen, dass z. B. das Ableiten, also das bereits in der Schule behandelte Differenzieren von Funktionen, eine lineare Abbildung ist.

Der hier behandelte Begriff ist vorerst einfach nur theoretisch motiviert, das müssen wir akzeptieren. Allerdings wird die spätere Anwendung der linearen Abbildungen im Bereich von Eigenwerten, linearen Gleichungssystemen etc. zahlreiche motivierende Beispiele liefern.

Die linearen Abbildungen können zwar exakt angegeben werden, aber mit der reinen Abbildungsvorschrift lässt sich in vielen Fällen nicht komfortabel und übersichtlich rechnen. Es wäre daher schön, eine einfachere Darstellung der linearen Abbildungen zu bekommen. Dies gelingt mithilfe der so genannten Matrizen, welche ein übersichtliches Schema darstellen. Dieses lernen wir hier kennen und wenden es später u. a. bei linearen Gleichungssystemen an, welche sich unter Verwendung der Matrizen sehr übersichtlich und kompakt aufschreiben lassen.

4.2 Grundlagen zu linearen Abbildungen

Definition — **Lineare Abbildung**

Eine Abbildung L zwischen zwei $\mathbb{K}$-Vektorräumen V und W,

$$L\colon V \to W\,,$$

heißt *linear*, wenn für alle $\vec{x}, \vec{y} \in V$ und alle $\lambda \in \mathbb{K}$ gilt:

- $L(\vec{x} + \vec{y}) = L(\vec{x}) + L(\vec{y})$,
- $L(\lambda \vec{x}) = \lambda L(\vec{x})$.

Die hier genannten Bedingungen müssen also stets bei einer Abbildung überprüft werden, damit diese linear genannt werden kann. Häufig wird versucht, einfach nur auf die Definition zu starren und zu erkennen, ob die Bedingungen erfüllt sind. Es bleibt einem aber nichts anderes übrig, als tatsächlich die Forderungen zu überprüfen. Wir wollen dies an einem einfachen Fall üben.

► **Beispiel**

Sei $L\colon \mathbb{R}^3 \to \mathbb{R}^2$ mit $\begin{pmatrix} x_1 \\ x_2 \\ x_3 \end{pmatrix} := \begin{pmatrix} x_1 \\ x_3 \end{pmatrix}$ Dann ist

$$L\left(\begin{pmatrix} x_1 \\ x_2 \\ x_3 \end{pmatrix} + \begin{pmatrix} y_1 \\ y_2 \\ y_3 \end{pmatrix} \right) = L \begin{pmatrix} x_1 + y_1 \\ x_2 + y_2 \\ x_3 + y_3 \end{pmatrix} = \begin{pmatrix} x_1 + y_1 \\ x_3 + y_3 \end{pmatrix} = \begin{pmatrix} x_1 \\ x_3 \end{pmatrix} + \begin{pmatrix} y_1 \\ y_3 \end{pmatrix}$$

$$= L \begin{pmatrix} x_1 \\ x_2 \\ x_3 \end{pmatrix} + L \begin{pmatrix} y_1 \\ y_2 \\ y_3 \end{pmatrix}$$

sowie

$$L\left(\lambda \begin{pmatrix} x_1 \\ x_2 \\ x_3 \end{pmatrix} \right) = L \begin{pmatrix} \lambda x_1 \\ \lambda x_2 \\ \lambda x_3 \end{pmatrix} = \begin{pmatrix} \lambda x_1 \\ \lambda x_3 \end{pmatrix} = \lambda \begin{pmatrix} x_1 \\ x_3 \end{pmatrix}$$

$$= \lambda L \begin{pmatrix} x_1 \\ x_2 \\ x_3 \end{pmatrix} .$$

► **Beispiel**

Gegenbeispiel: Sei $f\colon \mathbb{R} \to \mathbb{R}$ mit $f(x) := x^2$. Hier ist

$$f(x + y) = (x + y)^2 = x^2 + 2xy + y^2 \neq x^2 + y^2 \,.$$

Die Gleicheit gilt nur für die Wahl spezieller Werte für x und y, aber nicht allgemein!

Es gibt noch eine recht interessante Eigenschaft linearer Abbildungen, die wir zeigen wollen; dabei ist $L\colon V \to W$ und $\vec{x} \in V$:

$$L(\vec{0}) = L(0 \cdot \vec{x}) = 0 \cdot L(\vec{x}) = \vec{0} \,.$$

Bitte beachten Sie, dass auf der linken Seite der Nullvektor aus V abgebildet wird, auf der rechten Seite allerdings der Nullvektor aus W steht. Dies ist klar, da wir wissen, von wo aus die Abbildung L wohin abbildet, allerdings wird dies oft übersehen. Bei der Berechnung oben wurde nur die Linearität verwendet. Fazit: Der Nullvektor wird durch lineare Abbildungen stets wieder auf den Nullvektor abgebildet.

Wie in der Motivation angesprochen, wollen wir noch genauer die Ableitung einer Funktion untersuchen. Dazu betrachten wir Funktionen $f, g: \mathbb{R} \to \mathbb{R}$, die differenzierbar sind, und bezeichnen die Ableitung einfach mit $\frac{d}{dx}$ (gelesen: „d nach d x"). Dann haben Sie bereits in der Schule (oder spätestens in der Analysis-Vorlesung) gelernt, dass bei Summen jeder Summand getrennt abgeleitet werden darf:

$$\frac{d}{dx}(f(x) + g(x)) = \frac{d}{dx}f(x) + \frac{d}{dx}g(x),$$

und dass konstante Faktoren von der Ableitung unberührt bleiben:

$$\frac{d}{dx}(\lambda f(x)) = \lambda \frac{d}{dx}f(x).$$

Dies bedeutet aber gerade, dass $\frac{d}{dx}$, also das Ableiten, eine lineare Abbildung ist. Ebenso ist das Integral eine lineare Abbildung, was Sie bitte selbst prüfen.

Im Zusammenhang mit linearen Abbildungen gibt es zwei wichtige Begriffe, die wir nun präsentieren möchten.

4.3   Kern und Bild

Definition   **Kern, Bild**

Sei $L: V \to W$ eine lineare Abbildung. Dann heißt die Menge

$$\operatorname{Kern} L := \left\{ \vec{x} \in V \mid L\vec{x} = \vec{0} \right\}$$

der *Kern* von L und die Menge

$$\operatorname{Bild} L := L(V) = \left\{ L\vec{x} \in W \mid \vec{x} \in V \right\}$$

das *Bild* von L.

Bemerkung   Der Kern einer linearen Abbildung $L: V \to W$ ist ein Untervektorraum von V, das Bild ist ein Untervektorraum von W. ∎

▶ **Beispiel**

Sei $f\colon \mathbb{R}^2 \to \mathbb{R}^2$, $(x, y) \mapsto (x - y, y - x)$.

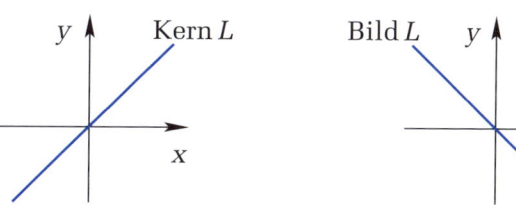

Kern L ist besonders leicht zu erhalten, denn nach der Abbildungsvorschrift für unser f kommt gerade dann Null als Wert heraus, wenn x und y gleich sind. Wir erhalten also die gezeichnete Gerade durch den Ursprung (Winkelhalbierende). Dass diese Gerade durch den Ursprung geht, verdeutlicht nochmals, dass es sich bei Kern L tatsächlich um einen Untervektorraum des $\mathbb{R}^2$ handelt.

Um Bild L zu erhalten, gibt es verschiedene Möglichkeiten; eine einfache ist: Die beiden Komponenten von $f(x, y)$ unterscheiden sich offensichtlich nur durch ihr Vorzeichen, beispielsweise $f(1, 0) = (1, -1)$. Sie sind also von der Gestalt $(z, -z)$ und befinden sich somit auf der in der rechten Skizze eingezeichneten Winkelhalbierenden. Da es sich beim Bild um einen Untervektorraum handelt, muss auch jeder Punkt der Winkelhalbierenden erreicht werden. Finden Sie unter Zuhilfenahme des nächsten Satzes noch eine andere Erklärung?

Das Bild einer linearen Abbildung gibt Aufschluss darüber, was die Abbildung einem eigentlich im Bildraum, hier also dem Vektorraum W, liefert. Wie wir im Beispiel gesehen haben, ist dies teils sehr einfach geometrisch darstellbar. Der Kern einer linearen Abbildung ist die Lösungsmenge spezieller linearer Gleichungssysteme, die wir später behandeln werden.

Wir wollen uns nochmals überlegen, ob etwas über den Kern, das Bild und den Zusammenhang zur Dimension gesagt werden kann. Das Bild entspricht ja gerade dem, was nach Anwendung der linearen Abbildung L erhalten wird. Das Bild ist auch ein Vektorraum (Untervektorraum von W) und hat somit auch eine Dimension. Beim Abbilden durch L geht aber auch einiges in gewisser Weise verloren. Es kann durchaus passieren, dass ein Vektor – und alle seine Vielfachen – durch L auf den Nullvektor abgebildet wird. Dieser befindet sich dann gerade im Kern von L, kann folglich im Bild nicht mehr dazu dienen, die Dimension zu erhöhen. Was also einerseits im Bild verloren geht, taucht im Kern wieder auf. Wir verstehen damit den folgenden Satz:

Satz Sei $L\colon V \to W$ eine lineare Abbildung. Dann gilt

$$dim\ V = dim\ (\text{Kern}\ L) + dim\ (\text{Bild}\ L)\,. \quad \text{(Dimensionssatz)}$$

Im zuvor betrachteten Beispiel sehen wir sofort, dass der Satz (natürlich) erfüllt ist, denn die lineare Abbildung dort bildet vom $\mathbb{R}^2$ auf den $\mathbb{R}^2$ ab und die Dimension von Kern L und Bild L ist jeweils 1.

Definition **Defekt, Rang**

Die Dimension des Kerns einer linearen Abbildung wird auch als *Defekt* bezeichnet:

$$\text{Def}\ L := dim\ (\text{Kern}\ L)\,.$$

Die Dimension des Bildes einer linearen Abbildung wird als *Rang* bezeichnet:

$$\text{Rang}\ L := dim\ (\text{Bild}\ L)\,.$$

Obiger Satz lautet damit

$$dim\ V = \text{Def}\ L + \text{Rang}\ L\,.$$

4.4 Grundlegendes zu Matrizen

Bevor wir Matrizen anwenden und mit ihnen rechnen, betrachten wir deren Definition:

Definition $(m \times n)$**-Matrix, Zeilenindex, Spaltenindex**

Für $a_{ij} \in \mathbb{K}$, $i \in \{1, \ldots, m\}$, $j \in \{1, \ldots, n\}$ heißt

$$A := \begin{pmatrix} a_{11} & a_{12} & \cdots & a_{1n} \\ a_{21} & a_{22} & \cdots & a_{2n} \\ \vdots & \vdots & & \vdots \\ a_{m1} & a_{m2} & \cdots & a_{mn} \end{pmatrix} =: (a_{ij}) = (a_{ij})_{i=1,\ldots,m;\ j=1,\ldots,n}$$

eine *Matrix vom Format* $(m \times n)$ mit Einträgen aus $\mathbb{K}$. Kurz: $(m \times n)$-*Matrix* oder auch (m, n)-*Matrix*.

   Der erste Index, hier i genannt, heißt *Zeilenindex*, der zweite *Spaltenindex*.

Definition $M(m \times n, \mathbb{K})$

Die Menge aller $(m \times n)$-Matrizen mit $a_{ij} \in \mathbb{K}$ für alle i und j wird als $M(m \times n, \mathbb{K})$ notiert.

Beispiele dafür sind:

$$
\begin{pmatrix} i \\ 2 \\ 3+i \end{pmatrix} \in M(3 \times 1, \mathbb{C}), \quad \begin{pmatrix} 2 & 1 \\ 0 & 1 \end{pmatrix} \in M(2 \times 2, \mathbb{R}).
$$

Eine sehr wichtige Matrix ist die *Einheitsmatrix*:

$$
E_n := \begin{pmatrix} 1 & 0 & \cdots & 0 \\ 0 & 1 & & \vdots \\ \vdots & & \ddots & 0 \\ 0 & \cdots & 0 & 1 \end{pmatrix}, \quad E_n \in M(n \times n, \mathbb{R}).
$$

Beim Rechnen mit Matrizen (siehe den folgenden Abschnitt) übernimmt die Einheitsmatrix die Rolle der 1 bei den reellen Zahlen. Beispielsweise hat die (3×3)-Einheitsmatrix die Gestalt $E_3 = \begin{pmatrix} 1 & 0 & 0 \\ 0 & 1 & 0 \\ 0 & 0 & 1 \end{pmatrix}$.

   Bis hier handelt es sich bei einer Matrix nur um ein Schema. Seine Bedeutung wird dadurch klar, dass *jede* lineare Abbildung als Matrix dargestellt werden kann. Zusammen mit den Rechenregeln für Matrizen wird dann deutlich, dass es durch die Darstellung linearer Abbildungen als Matrizen viel einfacher ist, mit diesen zu rechnen. Ferner ist die Matrixdarstellung übersichtlicher und wir können schon jetzt manifestieren, dass wir beim Arbeiten mit linearen Abbildungen fast ausschließlich an Matrizen denken.

   Der nachstehende Satz erklärt sich eigentlich von selbst: Wenn wir mit L ein Element $\vec{v} \in V$ nach W abbilden, dann lässt sich $L(\vec{v})$ eindeutig als Linearkombination von Basiselementen aus W darstellen. Dies gilt natürlich auch dann, wenn wir Basisvektoren von V abbilden.

> **Satz** Seien V und W zwei $\mathbb{K}$-Vektorräume mit Basen $\{\vec{v}_1, ..., \vec{v}_n\}$ und $\{\vec{w}_1, ..., \vec{w}_m\}$ und sei $L: V \to W$ eine lineare Abbildung. Dann gibt es eindeutig bestimmte Zahlen $a_{1j}, ..., a_{mj} \in \mathbb{K}$, sodass
>
> $$L(\vec{v}_j) = a_{1j}\vec{w}_1 + ... + a_{mj}\vec{w}_m$$
>
> gilt.

Die letzte Gleichung lässt sich nun für alle $\vec{v}_j$ mit $j = 1, ..., n$ aufschreiben und wir erhalten dann aus den a_{ij} genau eine Matrix, wie wir sie zum Anfang dieses Unterabschnittes definiert haben. Die Koeffizienten zum j-ten Basisvektor $\vec{v}_j$ bilden folglich die j-te Spalte der Matrix (a_{ij}). Wir versuchen mit dem folgenden Beispiel zum gerade formulierten Satz alles noch klarer zu machen, sodass es in Zukunft kein Problem mehr sein sollte, aus gegebenen linearen Abbildungen die zugehörigen Matrizen zu basteln.

▶ Beispiel

Seien $V := \mathbb{R}^2$ mit der Standardbasis und $L: V \to V$ durch

$$L(x, y) := \begin{pmatrix} x + y \\ 2y \end{pmatrix}$$

gegeben. Diese Abbildung ist linear (was Sie als Übung nachprüfen sollten). Als Basiselemente wählen wir

$$\vec{v}_1 = \vec{w}_1 = \begin{pmatrix} 1 \\ 0 \end{pmatrix} \quad \text{und} \quad \vec{v}_2 = \vec{w}_2 = \begin{pmatrix} 0 \\ 1 \end{pmatrix},$$

da $V = W$ gilt. Nun ist nach obigem Satz

$$L(\vec{v}_1) = L\left(\begin{pmatrix} 1 \\ 0 \end{pmatrix}\right) = \begin{pmatrix} 1 \\ 0 \end{pmatrix} = a_{11}\vec{w}_1 + a_{21}\vec{w}_2 = \begin{pmatrix} a_{11} \\ 0 \end{pmatrix} + \begin{pmatrix} 0 \\ a_{21} \end{pmatrix},$$

also $a_{11} = 1$ und $a_{21} = 0$. Ferner ist

$$L(\vec{v}_2) = L\left(\begin{pmatrix} 0 \\ 1 \end{pmatrix}\right) = \begin{pmatrix} 1 \\ 2 \end{pmatrix} = a_{12}\vec{w}_1 + a_{22}\vec{w}_2 = \begin{pmatrix} a_{12} \\ 0 \end{pmatrix} + \begin{pmatrix} 0 \\ a_{22} \end{pmatrix},$$

also $a_{12} = 1$ und $a_{22} = 2$. Insgesamt folgt, dass die lineare Abbildung L durch die Matrix

$$A = \begin{pmatrix} 1 & 1 \\ 0 & 2 \end{pmatrix}$$

repräsentiert wird. Sie können, wenn Sie unserer Rechnung nicht trauen (was allerdings unbegründet wäre), gerne nachrechnen, dass gilt:

$$L(x, y) = A \begin{pmatrix} x \\ y \end{pmatrix} .$$

Wie ein Vektor mit einer Matrix multipliziert wird, ist im nächsten Abschnitt erklärt.

Als Merkregel können wir festhalten: In der j-ten Spalte stehen die Koeffizienten des Bildes des j-ten Basisvektors.

Nachdem wir jetzt wissen, was eine Matrix ist, und gelernt haben, wie sich zu jeder linearen Abbildung die zugehörige Matrix angeben lässt, können wir die Begriffe Rang, Bild, Kern und Defekt gleichberechtigt für Matrizen verwenden. Der Begriff des Ranges ist von besonderer Bedeutung, daher der folgende Satz, der eine Beziehung zwischen den Spalten bzw. Zeilen einer Matrix herstellt, die jeweils als Vektoren (Spalten- bzw. Zeilenvektoren) aufgefasst werden können.

Satz   Der Rang einer Matrix ist gleich der Anzahl ihrer linear unabhängigen Spaltenvektoren, was wiederum gleich der Anzahl ihrer linear unabhängigen Zeilenvektoren ist.

4.5   Rechnen mit Matrizen

4.5.1 Multiplikation von Matrizen

Wenn eine Matrix eine lineare Abbildung darstellen soll, müssen wir wissen, wie Matrizen auf Vektoren des $\mathbb{K}^n$ wirken, wie also $A\vec{v}$ erklärt ist. Zu diesem Zweck werden wir eine Multiplikation zwischen Matrix und Vektor definieren und sie schlicht *Matrix-Vektor-Multiplikation* nennen. Allerdings sei an dieser Stelle daran erinnert, dass Vektoren des $\mathbb{K}^n$ auch als Matrizen, nämlich als $(n \times 1)$-Matrizen, aufgefasst werden können. Daher definieren wir die Multiplikation von Matrizen auch gleich allgemein. Wir werden diese noch mehrfach anwenden.

Definition   **Matrixprodukt, Matrix-Vektor-Produkt**

Seien zwei Matrizen $A := (a_{ij}) \in M(m \times \underline{n}, \mathbb{K})$ und $B := (b_{jk}) \in M(\underline{n} \times p, \mathbb{K})$ gegeben. Dann ist das *Matrixprodukt* definiert als

$$AB = A \cdot B := \left(\sum_{\underline{j}=1}^{n} a_{i\underline{j}} b_{\underline{j}k} \right)_{i=1\dots m,\; k=1\dots p} .$$

Das *Matrix-Vektor-Produkt* $A\vec{v}$ ist als Spezialfall des Matrixproduktes erklärt, indem $\vec{v}$ als $(n \times 1)$-Matrix aufgefasst wird und an die Stelle von B tritt.

Einzelne Indizes sind nur deshalb unterstrichen, um deren Zusammengehörigkeit deutlicher zu machen. Wir geben zu, dass es sehr unübersichtlich ist, nach dieser Definition hier zu rechnen, denn die Vorschrift scheint doch etwas kompliziert zu sein (wenn sie es auch eigentlich gar nicht ist, nachdem einmal wirklich mit ihr gerechnet wurde). Wir geben dennoch schematisch ein Beispiel. Dieses verdeutlicht, dass eigentlich immer nur die Zeilen (beginnend mit der ersten Zeile) der linken Matrix auf die Spalten (beginnend mit der ersten Spalte) der rechten Matrix gelegt werden. Die „aufeinander gelegten" Einträge werden dann einfach multipliziert und die Ergebnisse mit den anderen entstehenden Termen addiert. Beispielsweise sieht das Matrixprodukt für (2×2)-Matrizen so aus:

$$\begin{pmatrix} a_{11} & a_{12} \\ a_{21} & a_{22} \end{pmatrix} \cdot \begin{pmatrix} b_{11} & b_{12} \\ b_{21} & b_{22} \end{pmatrix} = \begin{pmatrix} a_{11} \cdot b_{11} + a_{12} \cdot b_{21} & a_{11} \cdot b_{12} + a_{12} \cdot b_{22} \\ a_{21} \cdot b_{11} + a_{22} \cdot b_{21} & a_{21} \cdot b_{12} + a_{22} \cdot b_{22} \end{pmatrix}$$

und das Matrix-Vektor-Produkt

$$\begin{pmatrix} a_{11} & a_{12} \\ a_{21} & a_{22} \end{pmatrix} \cdot \begin{pmatrix} v_1 \\ v_2 \end{pmatrix} = \begin{pmatrix} a_{11} \cdot v_1 + a_{12} \cdot v_2 \\ a_{21} \cdot v_1 + a_{22} \cdot v_2 \end{pmatrix} .$$

Natürlich kann der Ergebnisvektor dieser Matrix-Vektor-Multiplikation wieder mit einer Matrix multipliziert werden. D. h. nach der Abbildung durch die erste Matrix erfolgt die Abbildung durch die zweite. Erinnern wir uns daran, dass jeder linearen Abbildung bzgl. einer Basis eindeutig eine Matrix zugeordnet werden kann, so wird klar, dass das Matrixprodukt genau der Hintereinanderausführung der zugehörigen linearen Abbildungen entspricht. Dafür ist es wichtig, dass die Produktbildung mehrerer Matrizen – im Sinne des ersten der folgenden Punkte – nicht von der Reihenfolge abhängt.

Für von ihrer Zeilen- und Spaltenzahl her „passende" Matrizen gilt:

- $(AB)C = A(BC)$
- $A(B + C) = AB + AC$
- $A(\lambda B) = \lambda(AB) = (\lambda A)B$
- $(AB)^T = B^T A^T$ (siehe hierzu die übernächste Definition)
- $AE_n = E_m A = A$

Bei der letzten Gleichung ist A eine Matrix mit m Zeilen und n Spalten.

Es ist nicht schwer, diese einzelnen Punkte zu beweisen. Es müssen nur die Definitionen der Rechenoperationen beachtet werden. Dann ist klar, dass die Behauptungen stimmen. Es ist auch eine gute Idee, die Punkte nur für Matrizen aus $M(2 \times 2, \mathbb{R})$ zu beweisen, denn die Bildungsvorschriften zu den Rechenoperationen sind ja für alle anderen Matrizen die gleichen. Interessant ist noch, den Fall der Matrizen aus $M(1 \times 1, \mathbb{R})$ zu untersuchen. Hier handelt es sich nämlich nur um reelle Zahlen. Welche Gestalt hat in diesem Fall die Einheitsmatrix?

> ▶ **Beispiel**
>
> $$\begin{pmatrix} 2 & 2 \\ 0 & 1 \end{pmatrix} \cdot \begin{pmatrix} 0 & 2 & 4 \\ 3 & 1 & 4 \\ 0 & 1 & 2 \end{pmatrix}$$
>
> ist nicht erklärt!
>
> $$\begin{pmatrix} 2 & 0 & 0 \\ 0 & 4 & 0 \\ 0 & 0 & 6 \end{pmatrix} \cdot \begin{pmatrix} 1 & 0 & 0 \\ 0 & 3 & 0 \\ 0 & 0 & 5 \end{pmatrix}$$
>
> $$= \begin{pmatrix} 2 \cdot 1 + 0 + 0 & 2 \cdot 0 + 0 \cdot 3 + 0 & 2 \cdot 0 + 0 + 0 \cdot 5 \\ 0 \cdot 1 + 4 \cdot 0 + 0 & 0 + 4 \cdot 3 + 0 & 0 + 0 \cdot 4 + 0 \cdot 5 \\ 0 \cdot 1 + 0 + 6 \cdot 0 & 0 + 0 \cdot 3 + 6 \cdot 0 & 0 + 0 + 6 \cdot 5 \end{pmatrix} = \begin{pmatrix} 2 & 0 & 0 \\ 0 & 12 & 0 \\ 0 & 0 & 30 \end{pmatrix}$$

4.5.2 Vektorraumstruktur für Matrizen

> **Definition** **Matrixsumme, Multiplikation mit Skalaren**
>
> Seien $A := (a_{ij})$, $B := (b_{ij}) \in M(m \times n, \mathbb{K})$ und $\lambda \in \mathbb{K}$. Dann definieren wir *Matrixsumme* und *Multiplikation mit Skalaren*:
>
> $$A + B := (a_{ij} + b_{ij}) \tag{4.1}$$
>
> $$\lambda A := (\lambda a_{ij}) \tag{4.2}$$

▶ **Beispiel**

$$-\begin{pmatrix} 1 & 2 \\ 3 & 4 \end{pmatrix} = -1 \begin{pmatrix} 1 & 2 \\ 3 & 4 \end{pmatrix} = \begin{pmatrix} -1 & -2 \\ -3 & -4 \end{pmatrix},$$

$$\begin{pmatrix} 0 & 1 \\ 2 & 0 \end{pmatrix} + \begin{pmatrix} 3 & 2 \\ 0 & 0 \end{pmatrix} = \begin{pmatrix} 3 & 3 \\ 2 & 0 \end{pmatrix}.$$

Bemerkung   Für A, B, $C \in M(m \times n, \mathbb{K})$ und λ, $\mu \in \mathbb{K}$ gelten – wie auch für Vektoren – folgende Rechenregeln, wobei 0 im zweiten Punkt die $(m \times n)$-Matrix ist, deren Einträge alle $0 \in \mathbb{K}$ sind, und 1 im sechsten Punkt der Skalar $1 \in \mathbb{K}$:

1. $(A + B) + C = A + (B + C)$

2. $A + 0 = A$ und $A + (-A) = 0$

3. $A + B = B + A$

4. $\lambda(\mu A) = (\lambda \mu)A$

5. $\lambda(A + B) = \lambda A + \lambda B$

6. $1 \cdot A = A$

Die Matrizen mit den Operationen der Addition von Matrizen und Multiplikation mit Skalaren bilden einen Vektorraum, wie sich aus Obigem leicht erkennen lässt. Wer es nicht glaubt, der schlage bitte schnell im Abschnitt über Vektorräume nach und überprüfe die Punkte, die zur Erfüllung der Vektorraumeigenschaften nötig sind.   ■

4.6   Besondere Matrizen

In Theorie und Praxis treten häufig besondere Matrizen auf, von denen wir nun einige wichtige Vertreter vorstellen möchten:

Zunächst sind das *quadratische Matrizen*; das sind solche mit gleicher Zeilen- und Spaltenzahl, darunter:

■ *Einheitsmatrix* (die haben wir bereits kennen gelernt):

$$E_n := \begin{pmatrix} 1 & 0 & \cdots & 0 \\ 0 & 1 & & \vdots \\ \vdots & & \ddots & 0 \\ 0 & \cdots & 0 & 1 \end{pmatrix}$$

■ *Diagonalmatrix*:

$$(a_{ij}) = (a_{ii}) := \begin{pmatrix} a_{11} & 0 & \cdots & 0 \\ 0 & a_{22} & & \vdots \\ \vdots & & \ddots & 0 \\ 0 & \cdots & 0 & a_{nn} \end{pmatrix}$$

■ *obere (untere) Dreiecksmatrix*:

$$\begin{pmatrix} * & \cdots\cdots & * \\ 0 & \ddots & \vdots \\ \vdots & & \ddots & \vdots \\ 0 & \cdots & 0 & * \end{pmatrix} \quad \text{bzw.} \quad \begin{pmatrix} * & 0 & \cdots & 0 \\ \vdots & \ddots & & \vdots \\ \vdots & & \ddots & 0 \\ * & \cdots\cdots & * \end{pmatrix}$$

(„*" bedeutet, dass an dieser Stelle beliebige Zahlen stehen können.)

Definition   **Transponierte Matrix**

Aus $A := (a_{ij})$ ergibt sich die *transponierte Matrix* durch

$$A^{\mathrm{T}} := (a_{ij})^{\mathrm{T}} := (a_{ji}).$$

Zeilen und Spalten werden also vertauscht. Geschrieben wird auch A^t statt A^{T}. Es gilt $(AB)^{\mathrm{T}} = B^{\mathrm{T}}A^{\mathrm{T}}$.

Definition   **Invertierbar, Inverse**

Eine quadratische Matrix $A \in M(n \times n, \mathbb{K})$ heißt *invertierbar*, wenn ein $B \in M(n \times n, \mathbb{K})$ existiert mit

$$AB = E_n(= BA).$$

Für die Matrix B wird dann A^{-1} geschrieben und diese heißt *Inverse* von A.

▶ **Beispiel**

Eine (2×2)-Matrix $A = \begin{pmatrix} a & b \\ c & d \end{pmatrix}$ ist genau dann invertierbar, wenn $ad - bc \neq 0$ gilt. Die Inverse hat dann die Gestalt

$$A^{-1} = \frac{1}{ad - bc} \begin{pmatrix} d & -b \\ -c & a \end{pmatrix}.$$

Zum Invertieren größerer Matrizen können wir den Gauß-Algorithmus verwenden. Diesen lernen wir aber erst im Abschnitt über lineare Gleichungssysteme kennen. Dort werden wir daher erneut auf das Invertieren zurückkommen.

Definition   **Symmetrisch, antisymmetrisch**

$A \in M(n \times n, \mathbb{K})$ heißt *symmetrisch*, falls gilt:

$$A = A^{\mathrm{T}}, \quad \text{d. h.} \quad (a_{ij}) = (a_{ji}).$$

A heißt *antisymmetrisch*, falls gilt:

$$A = -A^{\mathrm{T}}, \quad \text{d. h.} \quad (a_{ij}) = -(a_{ji}).$$

Definition   **Adjungiert, selbstadjungiert**

Für $A \in M(n \times n, \mathbb{C})$ heißt

$$A^* := \overline{A^{\mathrm{T}}}, \quad \text{also} \quad (a_{ij}^*) = (\overline{a_{ji}})$$

zu A *adjungierte Matrix.*
   Gilt

$$A = A^*,$$

so heißt A *selbstadjungiert.*

Definition	**Orthogonal**

$A \in M(n \times n, \mathbb{R})$ heißt *orthogonal*, falls gilt:
$$A^{\mathrm{T}} A = E_n.$$

Definition	**Unitär**

$A \in M(n \times n, \mathbb{C})$ heißt *unitär*, falls gilt:
$$A^* A = E_n.$$

Die zuletzt aufgeführten Matrizen sind für sich gesehen nur begrenzt interessant. Allerdings tauchen sie in Sätzen wieder auf. So werden uns die selbstadjungierten und symmetrischen Matrizen bei der Diagonalisierung erneut begegnen. Die letzten Definitionen sind nicht schwer. Wir empfehlen aber, sich diese wirklich klar zu machen und jeweils Beispiele für Matrizen, wie sie gerade definiert wurden, zu finden.

4.7 Aufgaben

1 (a) Welche der folgenden Abbildungen sind linear?

    i. $L(x, y) = x + y$

    ii. $L(x, y, z) = x$

    iii. $L(x) = 1$

    iv. $L(x, y) = \left(\begin{smallmatrix} x \\ -y \end{smallmatrix} \right)$

    v. $L(x, y) = \left(\begin{smallmatrix} x+1 \\ y \end{smallmatrix} \right)$

    vi. $L(x) = \left(\begin{smallmatrix} x \\ 2x \end{smallmatrix} \right)$

(b) Überprüfen Sie weiterhin die elementaren Funktionen

$$\sin x, \cos x, x^2, e^x, \ln x$$

auf Linearität.

2 Eine Abbildung $L \colon \mathbb{R} \to \mathbb{R}^2$ sei linear und bilde 1 auf den Vektor $\left(\begin{smallmatrix} 3 \\ 2 \end{smallmatrix} \right)$ ab. Bestimmen Sie $L(-3)$. Wie viele verschiedene Abbildungen mit dieser Eigenschaft gibt es?

3 (a) Betrachten Sie die Abbildung, welche jede auf ganz $\mathbb{R}$ differenzierbare Funktion $f \colon \mathbb{R} \to \mathbb{R}$ auf ihre Ableitung f' abbildet. Bestimmen Sie den Kern dieser linearen Abbildung.

(b) Zeigen Sie, dass die Abbildung, welche ein Polynom maximal zweiten Grades $P(x) = ax^2 + bx + c$ auf seine Koeffizienten (a, b, c) abbildet, linear auf dem Vektorraum der Polynome maximal zweiten Grades ist. Was ist das Bild dieser Abbildung?

4 (a) Bestimmen Sie die Formate folgender Matrizen und berechnen Sie alle möglichen Produkte von je zwei dieser Matrizen:

$$A = \begin{pmatrix} 0 & 1 \\ 1 & 0 \end{pmatrix}, \quad B = \begin{pmatrix} 1 & 2 & 3 \\ 0 & 1 & 2 \end{pmatrix}, \quad C = \begin{pmatrix} 1 & 2 \\ 2 & 3 \\ 3 & 1 \end{pmatrix}.$$

Fassen Sie kurz zusammen, was mit einer Matrix geschieht, wenn sie mit der Matrix A multipliziert wird.

(b) Begründen Sie, weshalb die für reelle und komplexe Zahlen gebräuchliche Schreibweise $\frac{A}{B}$ für Matrizen keinen Sinn macht.

5 (a) Invertieren Sie – falls möglich – folgende Matrizen:

$$A = \begin{pmatrix} 1 & 2 \\ 2 & 1 \end{pmatrix}, \quad B = \begin{pmatrix} 2 & 2 \\ 1 & 1 \end{pmatrix}, \quad C = \begin{pmatrix} 2 & 0 \\ 1 & 1 \end{pmatrix}.$$

(b) Bestimmen Sie die Inverse der Drehmatrix

$$R = \begin{pmatrix} \cos\phi & \sin\phi & 0 \\ -\sin\phi & \cos\phi & 0 \\ 0 & 0 & 1 \end{pmatrix}.$$

Hinweis: Der Name dieser Matrix stammt von ihrer Eigenschaft, alle Vektoren, die von der rechten Seite an die Drehmatrix multipliziert werden, um den Winkel ϕ um die x-Achse zu drehen.

6 Für welche reellen Werte von α ist die Matrix

$$A = \begin{pmatrix} 2 & \alpha \\ 1 & 3 \end{pmatrix}$$

(a) invertierbar,

(b) symmetrisch,

(c) antisymmetrisch,

(d) selbstadjungiert?

4.8 Lösungen

1 (a) Zum Prüfen der Linearität einer Abbildung müssen wir die beiden Eigenschaften

$$L(\vec{v} + \vec{w}) = L(\vec{v}) + L(\vec{w})$$
$$L(\lambda \vec{v}) = \lambda L(\vec{v})$$

aus der Definition linearer Abbildungen testen. Für Linearität müssen die Eigenschaften dabei für *alle* $\vec{v}$, $\vec{w}$ und λ nachgewiesen werden, wohingegen für Nichtlinearität ein einziges Gegenbeispiel genügt.

i. $L(x+\tilde{x}, y+\tilde{y}) = (x+\tilde{x})+(y+\tilde{y}) = (x+y)+(\tilde{x}+\tilde{y}) = L(x,y)+L(\tilde{x},\tilde{y})$
und
$L(\lambda x, \lambda y) = \lambda x + \lambda y = \lambda(x+y) = \lambda L(x,y),$

ii. $L(x+\tilde{x}, y+\tilde{y}, z+\tilde{z}) = x+\tilde{x} = L(x,y,z)+L(\tilde{x},\tilde{y},\tilde{z})$ und
$L(\lambda x, \lambda y, \lambda z) = \lambda x = \lambda L(x,y,z),$

iii. $L(x+\tilde{x}) = 1$, aber $L(x)+L(\tilde{x}) = 1+1 = 2$. Dies ist ein Gegenbeispiel.

iv. $L(x+\tilde{x}, y+\tilde{y}) = \left(\begin{smallmatrix} x+\tilde{x} \\ -(y+\tilde{y}) \end{smallmatrix} \right) = \left(\begin{smallmatrix} x \\ -y \end{smallmatrix} \right) + \left(\begin{smallmatrix} \tilde{x} \\ -\tilde{y} \end{smallmatrix} \right) = L(x,y) + L(\tilde{x}, \tilde{y})$ und
$L(\lambda x, \lambda y) = \left(\begin{smallmatrix} \lambda x \\ -(\lambda y) \end{smallmatrix} \right) = \lambda \left(\begin{smallmatrix} x \\ -y \end{smallmatrix} \right) = \lambda L(x,y),$

v. $L(x+\tilde{x}, y+\tilde{y}) = \left(\begin{smallmatrix} (x+\tilde{x})+1 \\ y+\tilde{y} \end{smallmatrix} \right)$, aber
$L(x,y)+L(\tilde{x},\tilde{y}) = \left(\begin{smallmatrix} x+1 \\ y \end{smallmatrix} \right) + \left(\begin{smallmatrix} \tilde{x}+1 \\ \tilde{y} \end{smallmatrix} \right) = \left(\begin{smallmatrix} x+\tilde{x}+2 \\ y+\tilde{y} \end{smallmatrix} \right)$. Hier haben wir wieder ein Gegenbeispiel.

vi. $L(x+\tilde{x}) = \left(\begin{smallmatrix} x+\tilde{x} \\ 2(x+\tilde{x}) \end{smallmatrix} \right) = \left(\begin{smallmatrix} x \\ 2x \end{smallmatrix} \right) + \left(\begin{smallmatrix} \tilde{x} \\ 2\tilde{x} \end{smallmatrix} \right) = L(x) + L(\tilde{x})$ und
$L(\lambda x) = \left(\begin{smallmatrix} \lambda x \\ 2(\lambda x) \end{smallmatrix} \right) = \lambda \left(\begin{smallmatrix} x \\ 2x \end{smallmatrix} \right) = \lambda L(x).$

Somit sind alle Abbildungen außer iii. und v. linear.

(b) Von den genannten Elementarfunktionen ist keine linear. Gegenbeispiele sind

- $\sin(\frac{1}{2}\pi) = 1$, aber $\frac{1}{2}\sin(\pi) = 0$,
- $\cos(0+0) = 1$, aber $\cos(0) + \cos(0) = 1+1 = 2$,
- $(1+1)^2 = 2^2 = 4$, aber $1^2 + 1^2 = 1+1 = 2$,
- $e^{3\cdot 0} = 1$, aber $3e^0 = 3\cdot 1 = 3$,
- $\ln(3\cdot 1) = \ln(3) \neq 0$, aber $3\ln(1) = 3\cdot 0 = 0$.

2 Wegen der Linearität kann $L(-3)$ auf den bekannten Wert $L(1)$ zurückgeführt werden:

$$L(-3) = L(-3\cdot 1) = -3L(1) = -3\begin{pmatrix} 3 \\ 2 \end{pmatrix} = \begin{pmatrix} -9 \\ -6 \end{pmatrix}.$$

Diese Vorgehensweise funktioniert sogar für jeden Wert λ

$$L(\lambda) = L(\lambda\cdot 1) = \lambda L(1) = \lambda\begin{pmatrix} 3 \\ 2 \end{pmatrix},$$

sodass die Abbildung allein durch die gegebenen Eigenschaften (Linearität und der Wert von $L(1)$) eindeutig bestimmt ist.

3 (a) Der Kern dieser Abbildung besteht aus allen Funktionen, deren Ableitung die Nullfunktion ist. Dies sind genau alle konstanten Funktionen $f(x) = $ konst.

(b) Wir betrachten zwei möglichst allgemein gehaltene Polynome und deren Bildvektoren

$$P(x) = ax^2 + bx + c \quad \mapsto \quad (a, b, c)$$
$$\tilde{P}(x) = \tilde{a}x^2 + \tilde{b}x + \tilde{c} \quad \mapsto \quad (\tilde{a}, \tilde{b}, \tilde{c}).$$

Die Summe der Polynome wird auf die Summe ihrer Bildvektoren abgebildet:

$$(P + \tilde{P})(x) = (a + \tilde{a})x^2 + (b + \tilde{b})x + (c + \tilde{c})$$
$$\mapsto \quad (a + \tilde{a}, b + \tilde{b}, c + \tilde{c}) = (a, b, c) + (\tilde{a}, \tilde{b}, \tilde{c}).$$

Dies ist die erste Eigenschaft in der Definition linearer Abbildungen. Weiterhin wird das λ-Fache eines Polynoms auf das λ-Fache seines Bildvektors abgebildet:

$$\lambda P(x) = \lambda ax^2 + \lambda bx + \lambda c \quad \mapsto \quad (\lambda a, \lambda b, \lambda c) = \lambda(a, b, c).$$

Dies ist die zweite Eigenschaft in der Definition linearer Abbildungen. Das Bild dieser Abbildung ist $\mathbb{R}^3$, denn zu jedem Vektor $(u, v, w) \in \mathbb{R}^3$ gibt es ein Polynom, welches auf diesen Vektor abgebildet wird, nämlich das Polynom $ux^2 + vx + w$.

4 (a) Beim Format wird die Zeilenzahl vor der Spaltenzahl genannt. A ist eine (2×2)-Matrix, B eine (2×3)-Matrix und C eine (3×2)-Matrix. Beim Multiplizieren zweier Matrizen muss die Spaltenzahl der links stehenden Matrix mit der Zeilenzahl der rechts stehenden übereinstimmen. Demnach sind nur die Produkte $A \cdot A$, $A \cdot B$, $C \cdot A$, $B \cdot C$, $C \cdot B$ möglich.

■ $A^2 = A \cdot A = \begin{pmatrix} 0 & 1 \\ 1 & 0 \end{pmatrix} \begin{pmatrix} 0 & 1 \\ 1 & 0 \end{pmatrix} = \begin{pmatrix} 1 & 0 \\ 0 & 1 \end{pmatrix}$

■ $A \cdot B = \begin{pmatrix} 0 & 1 \\ 1 & 0 \end{pmatrix} \begin{pmatrix} 1 & 2 & 3 \\ 0 & 1 & 2 \end{pmatrix} = \begin{pmatrix} 0 & 1 & 2 \\ 1 & 2 & 3 \end{pmatrix}$

■ $C \cdot A = \begin{pmatrix} 1 & 2 \\ 2 & 3 \\ 3 & 1 \end{pmatrix} \begin{pmatrix} 0 & 1 \\ 1 & 0 \end{pmatrix} = \begin{pmatrix} 2 & 1 \\ 3 & 2 \\ 1 & 3 \end{pmatrix}$

■ $B \cdot C = \begin{pmatrix} 1 & 2 & 3 \\ 0 & 1 & 2 \end{pmatrix} \begin{pmatrix} 1 & 2 \\ 2 & 3 \\ 3 & 1 \end{pmatrix} = \begin{pmatrix} 14 & 11 \\ 8 & 5 \end{pmatrix}$

■ $C \cdot B = \begin{pmatrix} 1 & 2 \\ 2 & 3 \\ 3 & 1 \end{pmatrix} \begin{pmatrix} 1 & 2 & 3 \\ 0 & 1 & 2 \end{pmatrix} = \begin{pmatrix} 1 & 4 & 7 \\ 2 & 7 & 12 \\ 3 & 7 & 11 \end{pmatrix}$

Aus den ersten drei Punkten ist zu erkennen, dass die Multiplikation der Matrix A von der linken Seite an eine Matrix eine Vertauschung der Zeilen bewirkt und die Multiplikation von rechts eine Vertauschung der Spalten.

(b) Bei reellen und komplexen Zahlen bedeutet der Ausdruck $\frac{A}{B}$, dass die Zahl A mit der Inversen $\frac{1}{B} = B^{-1}$ von B multipliziert wird. Allerdings ist hier die Reihenfolge der Multiplikation – $A\frac{1}{B}$ oder $\frac{1}{B}A$ – nicht angegeben, was bei Zahlen auch nicht notwendig ist.

Die Reihenfolge spielt aber bei der Multiplikation von Matrizen eine Rolle. AB^{-1} ist nicht immer gleich $B^{-1}A$. Somit ist der Ausdruck $\frac{A}{B}$ für Matrizen nicht eindeutig.

5 (a)
$$A^{-1} = \frac{1}{-3} \begin{pmatrix} 1 & -2 \\ -2 & 1 \end{pmatrix}, \quad C^{-1} = \frac{1}{2} \begin{pmatrix} 1 & 0 \\ -1 & 2 \end{pmatrix}.$$

Beim Invertieren der Matrix B müssten wir durch Null teilen. Somit ist die Matrix B nicht invertierbar.

(b) Einfach ausgedrückt wird der Effekt einer Matrix von deren Inverse wieder rückgängig gemacht. Eine Drehung um einen Winkel ϕ wird durch eine Gegendrehung um den gleichen Winkel, also eine Drehung um $-\phi$, neutralisiert. Die Drehachse bleibt dabei die gleiche. Somit ist

$$R^{-1} = \begin{pmatrix} \cos(-\phi) & \sin(-\phi) & 0 \\ -\sin(-\phi) & \cos(-\phi) & 0 \\ 0 & 0 & 1 \end{pmatrix} = \begin{pmatrix} \cos\phi & -\sin\phi & 0 \\ \sin\phi & \cos\phi & 0 \\ 0 & 0 & 1 \end{pmatrix}$$

die Inverse zur Matrix R.

6 (a) Die Inverse einer (2×2)-Matrix $\begin{pmatrix} a & b \\ c & d \end{pmatrix}$ kann durch $A^{-1} = \frac{1}{ad-bc} \cdot \begin{pmatrix} d & -b \\ -c & a \end{pmatrix}$ berechnet werden. Invertierbar ist solch eine Matrix also genau dann, wenn der Ausdruck $ad - bc \neq 0$ ist. Für A ist dies

$$2 \cdot 3 - \alpha \cdot 1 \neq 0 \quad \Leftrightarrow \quad \alpha \neq 6.$$

(b) Symmetrisch ist A lediglich für $\alpha = 1$, denn nur dafür ist $A = A^T$.

(c) Antisymmetrisch ist A für kein α.

(d) Selbstadjungiertheit ist für reelle Matrizen das Gleiche wie Symmetrie.

Lineare Gleichungssysteme

5

ÜBERBLICK

5.1   Motivation und elementare Anwendungen

Lineare Gleichungssysteme („Lineares Gleichungssystem" werden wir durch LGS abkürzen) kommen sehr häufig vor. So ist es eine elementare Aufgabe für Möbelmanufakturen, die Anzahl von Tischen und Stühlen zu errechnen, die sich mit einem gewissen Lagerbestand von Holz, Schrauben und Metallbeschlägen herstellen lassen. Bevor mit dem Zusammenbau begonnen wird, sollten wir genau berechnen, was im Einzelfall fehlen mag. Jeder Koch benötigt, kann er sich nicht auf Erfahrungen stützen, eigentlich ein lineares Gleichungssystem, um zu wissen, wie viele Gerichte er aus seinen Zutaten zaubern kann. Es gibt noch viele weitere Beispiele, z. B. aus der Regelungstechnik oder dem Ermitteln bestimmter Kenngrößen in elektrischen Schaltungen.

Wir betrachten als Beispiel

$$3x_1 + 5x_2 = -2$$
$$x_1 - 6x_2 = 7\,.$$

Das Gleichungssystem wird, um es zu lösen, in eine so genannte *erweiterte Koeffizientenmatrix* umgeformt:

$$\longrightarrow \quad \begin{pmatrix} 3 & 5 & -2 \\ 1 & -6 & 7 \end{pmatrix}$$

In diesem Schema wird das LGS in folgenden Einzelschritten modifiziert:

Die Zeilen werden vertauscht:

$$\longrightarrow \quad \begin{pmatrix} 1 & -6 & 7 \\ 3 & 5 & -2 \end{pmatrix}$$

von Zeile 2 wird dreimal Zeile 1 subtrahiert:

$$\longrightarrow \quad \begin{pmatrix} 1 & -6 & 7 \\ 0 & 23 & -23 \end{pmatrix}$$

Zeile 2 wird durch 23 geteilt (normiert):

$$\longrightarrow \quad \begin{pmatrix} 1 & -6 & 7 \\ 0 & 1 & -1 \end{pmatrix}$$

zu Zeile 1 wird sechsmal Zeile 2 addiert:

$$\longrightarrow \quad \begin{pmatrix} 1 & 0 & 1 \\ 0 & 1 & -1 \end{pmatrix}$$

Die erweiterte Koeffizientenmatrix wird nun wieder in ein LGS umgeschrieben, welches nun aber wirklich sehr überschaubar ist und den Namen daher nur noch aus formalen Gründen verdient:

$$x_1 = 1$$
$$x_2 = -1$$

Verwendet wurden so genannte *elementare Zeilenoperationen*:

- Tauschen von Zeilen,
- Addition eines (ggf. negativen) Vielfachen einer Zeile zu einer anderen,
- Multiplikation einer Zeile mit einer Zahl ungleich Null.

Diese Operationen ändern nicht die Lösungsmenge des Gleichungssystems und sie genügen, um jedwedes lineare Gleichungssystem zu lösen, solange es überhaupt lösbar ist. Ein Gleichungssystem mit m Gleichungen und m Variablen kann unter gewissen Voraussetzungen in die Form

$$
\begin{pmatrix}
1 & 0 & \cdots & 0 & c_1 \\
0 & 1 & & \vdots & c_2 \\
\vdots & & \ddots & 0 & \vdots \\
0 & \cdots & 0 & 1 & c_m
\end{pmatrix},
$$

also mit der Einheitsmatrix im linken Teil, überführt werden, woran die eindeutige Lösung $x_1 = c_1, \ldots, x_m = c_m$ direkt abgelesen werden kann. Dies lässt sich als Idealfall bezeichnen. Tritt dieser nicht ein, so ergibt sich ein etwas anderes System, welches allerdings auch einfach zu behandeln ist.

▶ Beispiel

$$
\begin{aligned}
3x_1 + 6x_2 &= 9 \\
4x_1 + 8x_2 &= 12
\end{aligned}
\longrightarrow
\begin{pmatrix}
3 & 6 & 9 \\
4 & 8 & 12
\end{pmatrix}
\longrightarrow
\begin{pmatrix}
1 & 2 & 3 \\
4 & 8 & 12
\end{pmatrix}
\longrightarrow
\begin{pmatrix}
1 & 2 & 3 \\
0 & 0 & 0
\end{pmatrix}
$$

$$
\longrightarrow
\begin{aligned}
x_1 + 2x_2 &= 3 \\
0 &= 0
\end{aligned}
$$

In diesem Beispiel kommen wir nicht auf obige Idealform, vereinfacht hat sich das LGS aber dennoch. Die letzte Zeile schränkt die Lösungsmenge nicht ein, denn „$0 = 0$" ist einfach eine wahre Aussage. Es verbleibt also die erste Gleichung, welche unendlich viele Belegungen für x_1 und x_2 liefert, die das Gleichungssystem lösen, und zwar in der Abhängigkeit $x_1 = 3 - 2x_2$. Eine konkrete Lösung ergibt sich also durch konkretes Wählen von x_2 und anschließendem Berechnen von x_1.

Bemerkung   Angenommen, wir erhalten als letzte Matrix nach Umformungen

$$\left(\begin{array}{cc|c} 1 & 0 & 1 \\ 0 & 0 & 1 \end{array}\right).$$

Was bedeutet das? $0 = 1$! Also hat das ursprüngliche LGS, aus dem diese erweiterte Koeffizientenmatrix entstanden ist, keine Lösung.   ∎

5.2   Grundlagen

Nachdem wir uns nun schon recht intensiv mit der Handhabung und Lösung linearer Gleichungssysteme beschäftigt haben, wollen wir das Ganze nun noch mathematisch exakt behandeln.

Definition   **Lineares Gleichungssystem, Inhomogenität, Koeffizienten, homogen, inhomogen**

Ein System der Form

$$a_{11}x_1 + a_{12}x_2 + \ldots + a_{1n}x_n = b_1$$
$$\vdots \qquad\qquad\qquad \vdots$$
$$a_{m1}x_1 + a_{m2}x_2 + \ldots + a_{mn}x_n = b_m$$

mit $a_{jk}, b_j \in \mathbb{K}$ heißt *lineares Gleichungssystem* mit m Gleichungen und n Unbekannten (Variablen).

Die b_j heißen *Inhomogenitäten* des LGSs, die a_{jk} *Koeffizienten*.

Sind alle $b_j = 0$, so heißt das LGS *homogen*, sonst *inhomogen*.

Die linke Seite eines solchen LGSs können wir in einem Matrix-Vektor-Produkt und die rechte Seite in einem Vektor zusammenfassen. Dadurch ensteht dann die übersichtlichere Schreibweise

$$\begin{pmatrix} a_{11} & a_{12} & \ldots & a_{1n} \\ \vdots & \vdots & & \vdots \\ a_{m1} & a_{m2} & \ldots & a_{mn} \end{pmatrix} \begin{pmatrix} x_1 \\ \vdots \\ x_n \end{pmatrix} = \begin{pmatrix} b_1 \\ \vdots \\ b_m \end{pmatrix}$$

oder kurz $A\vec{x} = \vec{b}$. Die Matrix $A := (a_{jk})$ heißt *Koeffizienten-* oder *Systemmatrix* und der Vektor $\vec{b} := \begin{pmatrix} b_1 \\ \vdots \\ b_m \end{pmatrix}$ *Inhomogenitätsvektor*.

Weiterhin wird beim Rechnen mit linearen Gleichungssystemen, um Schreibarbeit zu sparen, gerne auf den Vektor $\vec{x}$ verzichtet, da alle wichtigen Informationen bereits in A und $\vec{b}$ stehen. Übrig bleibt die so genannte *erweiterte Koeffizientenmatrix*

$$(A|\vec{b}) := \begin{pmatrix} a_{11} & a_{12} & \dots & a_{1n} & b_1 \\ \vdots & \vdots & & \vdots & \vdots \\ a_{m1} & a_{m2} & \dots & a_{mn} & b_m \end{pmatrix}.$$

Definition   **Lösungsvektor, Lösungsmenge**

$\vec{x}$ heißt *Lösungsvektor* des LGSs, wenn seine Komponenten $x_1, \dots, x_n$ alle Gleichungen des LGSs erfüllen. Die Menge aller Lösungsvektoren heißt *Lösungsmenge* des LGSs.

Bemerkung   Der Kern einer linearen Abbildung L, den wir bereits behandelt haben, ist die Lösungsmenge des LGSs $L(\vec{x}) = \vec{0}$.   ∎

5.3   Gauß-Algorithmus

Es geht uns nun darum, ein LGS in Form der erweiterten Koeffizientenmatrix in eine möglichst einfache Gestalt zu bringen, aus der wir die Lösung ersehen können.

Die im ersten Abschnitt eingeführten elementaren Zeilenoperationen – Tauschen von Zeilen, Addition eines Vielfachen einer Zeile zu einer anderen, Multiplikation einer Zeile mit einer Zahl ungleich Null – sind gerade die Operationen des *Gauß-Algorithmus*, an dessen Ende ein durch bloßes Hinsehen zu lösendes LGS steht. Der erwähnte Idealfall

$$\begin{pmatrix} 1 & 0 & \cdots & 0 & c_1 \\ 0 & 1 & & \vdots & c_2 \\ \vdots & & \ddots & 0 & \vdots \\ 0 & \cdots & 0 & 1 & c_m \end{pmatrix}$$

sollte dabei als zu erstrebendes Ziel nie aus den Augen verloren werden.

Grob werden beim Gauß-Algorithmus folgende Punkte abgearbeitet:

- Alle Einträge unterhalb von a_{11} werden Null. Dies geschieht, indem auf die zugehörigen Zeilen ein geeignetes Vielfaches der ersten Zeile addiert wird.

- Alle Einträge unterhalb von a_{22} werden Null. Dies geschieht, indem auf die zugehörigen Zeilen ein geeignetes Vielfaches der zweiten Zeile addiert wird.

- Auf diese Weise werden nacheinander die Einträge unterhalb sämtlicher a_{ii} Null.

- Alle Einträge oberhalb von a_{nn} werden Null. Dies geschieht, indem auf die zugehörigen Zeilen ein geeignetes Vielfaches der n-ten Zeile addiert wird.

- Alle Einträge oberhalb von $a_{n-1,n-1}$ werden Null. Dies geschieht, indem auf die zugehörigen Zeilen ein geeignetes Vielfaches der $(n-1)$-ten Zeile addiert wird.

- Auf diese Weise werden nacheinander die Einträge oberhalb sämtlicher a_{ii} Null.

- Schließlich werden noch die a_{ii} zu 1 normiert, indem die entsprechende Zeile mit $\frac{1}{a_{ii}}$ multipliziert wird.

Diese Reihenfolge versichert uns, dass bereits erzeugte Nulleinträge bis zum Ende des Gauß-Algorithmus bestehen bleiben. So machen spätere Umformungen die Bemühungen der vorherigen nicht zunichte.

Es ist aber ratsam, für eventuelle Zwischenschritte flexibel zu bleiben und sich nicht stur an diese Auflistung zu halten. So kann ein Zeilentausch zur rechten Zeit oder ein zwischenzeitliches Skalieren einer Zeile Brüche vermeiden, mit denen es sich schlecht weiterrechnen lässt.

▶ Beispiel

So sind

$$
\begin{pmatrix} 3 & 1 & 1 & | & 0 \\ 1 & 2 & 3 & | & 0 \\ 4 & 2 & 1 & | & 0 \end{pmatrix}
\quad \nearrow \quad
\begin{pmatrix} 3 & 1 & 1 & | & 0 \\ 0 & \frac{5}{3} & \frac{8}{3} & | & 0 \\ 0 & \frac{2}{3} & -\frac{1}{3} & | & 0 \end{pmatrix}
$$

$$
\searrow \quad
\begin{pmatrix} 1 & 2 & 3 & | & 0 \\ 3 & 1 & 1 & | & 0 \\ 4 & 2 & 1 & | & 0 \end{pmatrix}
\rightarrow
\begin{pmatrix} 1 & 2 & 3 & | & 0 \\ 0 & -5 & -8 & | & 0 \\ 0 & -6 & -11 & | & 0 \end{pmatrix}
$$

beides korrekte Vorgehensweisen, die letzte – mit dem anfänglichen Zeilentausch – ist aber deutlich angenehmer zu rechnen. Im ersten Fall wird die Multiplikation der zweiten und dritten Zeile mit 3 wenigstens die weiteren Schritte erleichtern.

Auch könnte ein $a_{ii} = 0$ sein, was es unmöglich macht, damit darunter stehende Einträge zu Null zu transformieren. In einem solchen Fall kann ebenfalls ein Tausch dieser Zeile mit einer darunter liegenden helfen, sodass das neue $a_{ii} \neq 0$ ist.

Weiterhin können durchaus Zeilen der Art $0 \cdots 0 \mid 1$ entstehen, bevor der Gauß-Algorithmus beendet wurde. Der Widerspruch einer solchen Zeile besagt, dass das LGS gar keine Lösung hat, womit eine Weiterführung des Gauß-Algorithmus überflüssig wird.

5.3.1 Abweichungen vom Idealfall

Abgesehen von einem vorzeitigen Abbruch des Gauß-Algorithmus gibt es im Grunde nur zwei Situationen, in denen das Ergebnis des Algorithmus vom Idealfall abweicht. Diese treten jedoch sehr häufig auf, sodass es ratsam ist, sich mit ihnen vertraut zu machen.

Zum einen kann – wie bereits erwähnt – ein $a_{ii} = 0$ sein. Sind auch alle darunter stehenden Einträge (a_{ki} mit $k > i$) Null, können wir diese Spalte nicht weiter vereinfachen und müssen unser Glück mit der nächsten versuchen. Wichtig dabei ist, bei der nächsten Spalte mit der gleichen Zeile wie zuvor weiterzuarbeiten, also nicht mit $a_{i+1,i+1}$, sondern mit $a_{i,i+1}$. Beispiele sind

$$
\begin{pmatrix}
1 & 0 & * & c_1 \\
0 & 1 & * & c_2 \\
0 & 0 & \boxed{0} & c_3
\end{pmatrix}, \quad
\begin{pmatrix}
1 & * & 0 & c_1 \\
0 & \boxed{0} & 1 & c_2 \\
0 & 0 & 0 & c_3
\end{pmatrix},
$$

wobei die $*$-Einträge beliebige Zahlen bezeichnen, die durch den Gauß-Algorithmus nicht weiter vereinfacht werden. Die beschriebene Situation kann natürlich auch bei mehreren Spalten auftreten, wie bei

$$
\begin{pmatrix}
1 & 0 & * & 0 & 0 & * & * & c_1 \\
0 & 1 & * & 0 & 0 & * & * & c_2 \\
0 & 0 & \boxed{0} & 1 & 0 & * & * & c_3 \\
0 & 0 & 0 & 0 & 1 & * & * & c_4 \\
0 & 0 & 0 & 0 & 0 & \boxed{0} & \boxed{0} & c_5
\end{pmatrix}.
$$

Mit diesem Beispiel sind wir auch schon bei der zweiten, vom Idealfall abweichenden Situation angelangt. Diese liegt vor, wenn das LGS mehr Gleichungen als Unbekannte bzw. mehr Unbekannte als Gleichungen hat. In diesem Fall muss der Idealfall, der ja nur von quadratischen Matrizen ausgeht, um einige Nullzeilen bzw. um einige Spalten erweitert werden. Einfache Beispiele sind

$$
\begin{pmatrix}
1 & 0 & c_1 \\
0 & 1 & c_2 \\
0 & 0 & c_3
\end{pmatrix} \text{ bzw. }
\begin{pmatrix}
1 & 0 & * & c_1 \\
0 & 1 & * & c_2
\end{pmatrix}.
$$

5.4   Die Struktur der Lösungsmenge

Nachdem wir uns ausführlich mit der linken Seite der erweiterten Koeffizientenmatrix beschäftigt haben, wenden wir uns nun der Bestimmung der Lösungen sowie der Struktur dieser Lösungsmenge zu. Letztere hat – Sie werden es ahnen – mit Vektorräumen zu tun. Doch zunächst zur Lösungsbestimmung. Als Beispiel betrachten wir

$$\left(\begin{array}{ccccccc|c} 1 & 0 & 2 & 0 & 0 & 3 & 4 & c_1 \\ 0 & 1 & 5 & 0 & 0 & 6 & 7 & c_2 \\ 0 & 0 & 0 & 1 & 0 & 8 & 9 & c_3 \\ 0 & 0 & 0 & 0 & 1 & 10 & 11 & c_4 \\ 0 & 0 & 0 & 0 & 0 & 0 & 0 & c_5 \end{array}\right)$$

aus dem vorigen Abschnitt, denn dort treten im Grunde alle Sonderfälle auf. Die $*$-Einträge haben wir durch fortlaufende Zahlen ersetzt, um nachfolgende Umformungen klarer zu machen. Wer möchte, kann die erweiterte Koeffizientenmatrix wieder in ein normales LGS umwandeln. In unserem Beispiel wäre dies

$$\begin{array}{rcl} x_1 \quad\;\; + 2x_3 \qquad\quad\;\; + 3x_6 \; + 4x_7 &=& c_1 \\ x_2 + 5x_3 \qquad\quad\;\; + 6x_6 \; + 7x_7 &=& c_2 \\ x_4 \quad\;\; + 8x_6 \; + 9x_7 &=& c_3 \\ x_5 + 10x_6 + 11x_7 &=& c_4 \\ 0 &=& c_5 \,. \end{array}$$

Die Bestimmung der Lösungsmenge verläuft zeilenweise. Etwaige Nullzeilen liefern uns entweder eine wahre Aussage und können übersprungen werden oder sie liefern einen Widerspruch, wonach das LGS gar keine Lösung hat. Nichtnullzeilen (solche mit nicht ausschließlich Nullen als Einträge) werden nach der ersten Variablen aufgelöst. In unserem Beispiel erhalten wir – vorausgesetzt $c_5 = 0$ – Formeln für x_1, x_2, x_4 und x_5 in Abhängigkeit der übrigen Variablen sowie der rechten Seite:

$$\begin{array}{rcl} x_1 &=& c_1 - 2x_3 - 3x_6 \; - 4x_7 \\ x_2 &=& c_2 - 5x_3 - 6x_6 \; - 7x_7 \\ x_4 &=& c_3 \qquad\quad\; - 8x_6 \; - 9x_7 \\ x_5 &=& c_4 \qquad\quad\; - 10x_6 - 11x_7 \end{array}$$

Wir erhalten also durch eine Wahl von x_3, x_6 und x_7 *eine* Lösung und die *gesamte* Lösungsmenge, indem x_3, x_6 und x_7 jeweils ganz $\mathbb{K}$ durchlaufen. Die Lösungsmenge können wir also schreiben als

$$L = \left\{ \begin{pmatrix} x_1 \\ x_2 \\ x_3 \\ x_4 \\ x_5 \\ x_6 \\ x_7 \end{pmatrix} = \begin{pmatrix} c_1 \\ c_2 \\ 0 \\ c_3 \\ c_4 \\ 0 \\ 0 \end{pmatrix} + x_3 \begin{pmatrix} -2 \\ -5 \\ 1 \\ 0 \\ 0 \\ 0 \\ 0 \end{pmatrix} + x_6 \begin{pmatrix} -3 \\ -6 \\ 0 \\ -8 \\ -10 \\ 1 \\ 0 \end{pmatrix} + x_7 \begin{pmatrix} -4 \\ -7 \\ 0 \\ -9 \\ -11 \\ 0 \\ 1 \end{pmatrix} \middle| x_3, x_6, x_7 \in \mathbb{K} \right\} .$$

Ist diese Lösungsmenge ein Vektorraum?

In unserem Beispiel müssen wir diese Frage mit *Nein* beantworten. L ist nur dann ein Vektorraum, wenn alle $c_i = 0$ sind, wenn wir es also mit einem homogenen LGS zu tun haben. Eine Basis dieses homogenen Lösungsraumes wäre

$$\left\{ \begin{pmatrix} -2 \\ -5 \\ 1 \\ 0 \\ 0 \\ 0 \\ 0 \end{pmatrix}, \begin{pmatrix} -3 \\ -6 \\ 0 \\ -8 \\ -10 \\ 1 \\ 0 \end{pmatrix}, \begin{pmatrix} -4 \\ -7 \\ 0 \\ -9 \\ -11 \\ 0 \\ 1 \end{pmatrix} \right\} .$$

Dieser Sachverhalt gilt allgemein für beliebige lineare Gleichungssysteme:

> **Satz** Sei r der Rang der $(m \times n)$-Matrix A. Dann hat A nach Anwendung des Gauß-Algorithmus genau r Zeilen, die nicht ausschließlich Nulleinträge enthalten. Weiterhin ist der Lösungsraum des homogenen LGSs $A\vec{x} = \vec{0}$, also der Kern von A, ein $(n - r)$-dimensionaler Untervektorraum des $\mathbb{K}^n$. Eine Basis dieses homogenen Lösungsraumes erhalten wir, wie im obigen Beispiel demonstriert, durch den Gauß-Algorithmus. Durch Linearkombinationen dieser Lösungsbasisvektoren kann jede weitere Lösung des homogenen LGSs linear kombiniert werden.

Bemerkung Für eine $(n \times n)$-Matrix $A: \mathbb{K}^n \to \mathbb{K}^n$ mit maximalem Rang folgt aus dem Dimensionssatz

$$n = dim\,\mathbb{K}^n = dim\,(\text{Bild}\,A) + dim\,(\text{Kern}\,A) = n + dim\,(\text{Kern}\,A)\,,$$

daher enthält der Kern der Matrix einzig den Nullvektor! ∎

Die Vektorraumstruktur für die Lösungsmenge homogener LGSe liefert uns das so genannte *Superpositionsprinzip*, welches uns später bei linearen Differenzialgleichungen erneut begegnen wird:

> **Satz** Linearkombinationen von Lösungen eines homogenen LGSs $A\vec{x} = \vec{0}$ sind wieder Lösungen.

Weiterhin sehen wir an unserem Beispiel, dass sich die Lösungsmenge des inhomogenen LGSs von der des homogenen lediglich durch die Addition eines konstanten Vektors – im Beispiel $(c_1, c_2, 0, c_3, c_4, 0, 0)^{\mathrm{T}}$ – unterscheidet. Bemerkenswert ist, dass dieser Vektor selbst auch eine Lösung des inhomogenen LGSs ist. Somit können wir uns die Lösungsmenge des inhomogenen LGSs als einen aus dem Ursprung heraus verschobenen Vektorraum vorstellen.

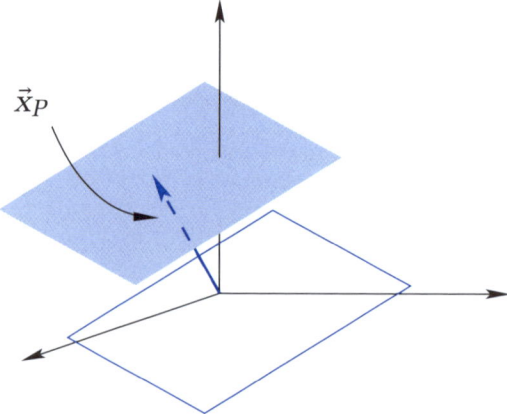

Der Vektor $(c_1, c_2, 0, c_3, c_4, 0, 0)^T$ spielt dabei keine besondere Rolle. Statt dieses Vektors kann genauso gut jeder andere Lösungsvektor des inhomogenen LGSs herhalten.

> **Satz** Sei $\vec{x}_{\mathrm{P}}$ eine beliebige Lösung des inhomogenen LGSs $A\vec{x} = \vec{b}$ und sei L_{H} der Lösungsraum des zugehörigen homogenen LGSs $A\vec{x} = \vec{0}$. Dann ist
>
> $$\vec{x}_{\mathrm{P}} + L_H := \{\vec{x}_{\mathrm{P}} + \vec{x}_{\mathrm{H}} \mid \vec{x}_{\mathrm{H}} \in L_H\}$$
>
> die gesamte Lösungsmenge des inhomogenen LGSs.
>   Oft wird auch einfach $\vec{x}_{\mathrm{H}}$ statt L_{H} für die allgemeine homogene Lösung geschrieben und
>
> $$\vec{x}_H + \vec{x}_P$$
>
> für die allgemeine inhomogene Lösung.

Bemerkung Lösungen des inhomogenen LGSs werden auch *spezielle* bzw. *partikuläre* Lösungen genannt, woher die Bezeichnung $\vec{x}_\mathrm{P}$ stammt. ■

Wesentliches aus dem Satz ist schnell bewiesen, denn nach dessen Voraussetzungen gilt (wobei wir uns an die Linearitätseigenschaften der Matrix A erinnern)

$$A(\vec{x}_\mathrm{H} + \vec{x}_\mathrm{P}) = A\vec{x}_\mathrm{H} + A\vec{x}_\mathrm{P} = \vec{0} + \vec{b}\,,$$

und andererseits unterscheiden sich zwei inhomogene Lösungen nur durch eine homogene Lösung:

$$A(\vec{x}_{\mathrm{P}_1} - \vec{x}_{\mathrm{P}_2}) = A\vec{x}_{\mathrm{P}_1} - A\vec{x}_{\mathrm{P}_2} = \vec{b} - \vec{b} = \vec{0}\,.$$

Interessant ist, dass wir einen analogen Satz wie den vorherigen bei den linearen Differenzialgleichungen erneut finden werden! Diese Gleichheit der Strukturen bildet das gemeinsame Dach, unter dem die vermeintlich unterschiedlichen Gebiete ein warmes Plätzchen finden.

5.5   Zum Invertieren von Matrizen

Wie im Abschnitt über lineare Abbildungen besprochen, eignet sich der Gauß-Algorithmus zur Invertierung von Matrizen. Dazu wenden wir den Algorithmus auf die erweiterte Matrix $(A \mid E)$ an, bis auf der linken Seite die Einheitsmatrix steht. Auf der rechten Seite erhalten wir dann die Inverse von A:

$$(A \mid E) \quad \overset{\text{Gauß}}{\longrightarrow} \quad (E \mid A^{-1})\,.$$

▶ Beispiel

Wir invertieren die Matrix

$$A = \begin{pmatrix} 1 & 2 \\ 2 & 1 \end{pmatrix}$$

aus Aufgabe 5(a) des letzten Kapitels:

$$\begin{pmatrix} 1 & 2 & | & 1 & 0 \\ 2 & 1 & | & 0 & 1 \end{pmatrix} \quad \rightarrow \quad \begin{pmatrix} 1 & 2 & | & 1 & 0 \\ 0 & -3 & | & -2 & 1 \end{pmatrix}$$

$$\rightarrow \quad \begin{pmatrix} 1 & 2 & | & 1 & 0 \\ 0 & 1 & | & \frac{2}{3} & -\frac{1}{3} \end{pmatrix} \quad \rightarrow \quad \begin{pmatrix} 1 & 0 & | & -\frac{1}{3} & \frac{2}{3} \\ 0 & 1 & | & \frac{2}{3} & -\frac{1}{3} \end{pmatrix}$$

Somit ist die inverse Matrix

$$A^{-1} = -\frac{1}{3} \begin{pmatrix} 1 & -2 \\ -2 & 1 \end{pmatrix}\,.$$

Bemerkung   Ist es nicht möglich, auf der linken Seite die Einheitsmatrix zu erzeugen, so ist A nicht invertierbar. ∎

Haben wir erst einmal die Inverse berechnet, können wir jedes LGS der Form

$$A\vec{x} = \vec{b}\,,$$

also mit beliebiger rechter Seite, einfach durch Auflösen nach $\vec{x}$ lösen:

$$A\vec{x} = \vec{b} \quad \Leftrightarrow \quad \vec{x} = A^{-1}\vec{b}\,.$$

Lineare Gleichungssysteme mit *invertierbaren* Matrizen haben somit immer eine *eindeutige* Lösung.

5.6   Aufgaben

1 Berechnen Sie mithilfe des Gauß-Algorithmus sämtliche Lösungen des homogenen und der beiden inhomogenen linearen Gleichungssysteme

$$\begin{array}{rl} -x - 2y = 0 \\ 2x + 4y = 0 \end{array}, \quad \begin{array}{rl} -x - 2y = -1 \\ 2x + 4y = 3 \end{array}, \quad \begin{array}{rl} -x - 2y = -1 \\ 2x + 4y = 2 \end{array}$$

und zeichnen Sie alle Lösungsmengen in ein Koordinatensystem.

2 Lösen Sie das lineare Gleichungssystem für beliebige rechte Seiten.

$$\begin{pmatrix} 1 & 2 & -3 \\ -1 & 2 & 1 \\ 1 & -2 & 0 \end{pmatrix} \vec{x} = \vec{b}\,.$$

3 Für welche Werte von $\alpha \in \mathbb{R}$ hat das lineare Gleichungssystem

$$\begin{array}{rcrcrcl} x & + & y & + & z & = & 2 \\ x & + & 2y & - & 2z & = & 2 \\ 3x & + & y & + & \alpha^2 z & = & 2\alpha \end{array}$$

keine, eine bzw. unendlich viele Lösungen?

4 Überprüfen Sie mithilfe des Gauß-Algorithmus, ob die Vektoren

$$\vec{v}_1 = \begin{pmatrix} 1 \\ 2 \\ 2 \end{pmatrix}, \quad \vec{v}_2 = \begin{pmatrix} 0 \\ -1 \\ 3 \end{pmatrix}, \quad \vec{v}_3 = \begin{pmatrix} 1 \\ 0 \\ 2 \end{pmatrix},$$

linear abhängig oder linear unabhängig sind.

5 Lösen Sie folgende nicht quadratische lineare Gleichungssysteme.

$$\begin{pmatrix} 1 & -1 & -3 \\ -2 & 2 & 1 \end{pmatrix} \vec{x} = \begin{pmatrix} 0 \\ 2 \end{pmatrix} \quad \text{und} \quad \begin{pmatrix} -1 & 2 \\ -2 & 3 \\ 1 & 1 \end{pmatrix} \vec{x} = \begin{pmatrix} 1 \\ 2 \\ 0 \end{pmatrix}.$$

5.7 Lösungen

1 Der Gauß-Algorithmus angewendet auf das homogene Gleichungssystem:

$$\begin{matrix} -x - 2y = 0 \\ 2x + 4y = 0 \end{matrix} \rightarrow \left(\begin{array}{cc|c} -1 & -2 & 0 \\ 2 & 4 & 0 \end{array}\right) \rightarrow \left(\begin{array}{cc|c} 1 & 2 & 0 \\ 0 & 0 & 0 \end{array}\right) \rightarrow \begin{matrix} x + 2y = 0 \\ 0 = 0 \end{matrix}.$$

Die zweite Zeile $0 = 0$ ist für alle x und y erfüllt. Die erste Zeile kann in die Geradengleichung $y = -\frac{1}{2}x$ umgeformt werden. Somit ist die Lösungsmenge im homogenen Fall die Ursprungsgerade (ein eindimensionaler Untervektorraum des $\mathbb{R}^2$) mit Steigung $-\frac{1}{2}$. Dieses kleine Gleichungssystem hätten wir ohne den Gauß-Algorithmus schneller umformen können, bei größeren Systemen geht aber ohne ihn schnell die Übersicht verloren.

Der Gauß-Algorithmus besteht beim inhomogenen System aus den gleichen Umformungen, nur mit einer anderen rechten Seite.

$$\begin{matrix} -x - 2y = -1 \\ 2x + 4y = 3 \end{matrix} \rightarrow \quad \dots \quad \rightarrow \begin{matrix} x + 2y = 1 \\ 0 = 1 \end{matrix}.$$

Dies ergibt einen Widerspruch und somit keine Lösung für das erste inhomogene System.

Beim zweiten inhomogenen System tritt kein Widerspruch auf:

$$\begin{matrix} -x - 2y = -1 \\ 2x + 4y = 2 \end{matrix} \rightarrow \quad \dots \quad \rightarrow \begin{matrix} x + 2y = 1 \\ 0 = 0 \end{matrix}.$$

Die Lösungsmenge ist wiederum eine Gerade $y = -\frac{1}{2}x + \frac{1}{2}$, diesmal allerdings keine Ursprungsgerade, sondern eine Gerade parallel zu der des homogenen Gleichungssystems.

Dieses Phänomen lässt sich folgendermaßen verallgemeinern: Die Lösungsmenge eines inhomogenen, linearen Gleichungssystems ist entweder die leere Menge oder eine parallele Verschiebung des homogenen Lösungsraumes.

2   Wir wenden den Gauß-Algorithmus für beliebige rechte Seiten an, repräsentiert durch den Vektor (a, b, c).

$$\begin{pmatrix} 1 & 2 & -3 & | & a \\ -1 & 2 & 1 & | & b \\ 1 & -2 & 0 & | & c \end{pmatrix} \rightarrow \begin{pmatrix} 1 & 2 & -3 & | & a \\ 0 & 4 & -2 & | & b+a \\ 0 & -4 & 3 & | & c-a \end{pmatrix} \rightarrow \begin{pmatrix} 1 & 2 & -3 & | & a \\ 0 & 4 & -2 & | & b+a \\ 0 & 0 & 1 & | & c+b \end{pmatrix}$$

Um das Gleichungssystem noch einfacher lösen zu können, erzeugen wir nun auch in den Einträgen oberhalb der Diagonalen Nullen.

$$\rightarrow \begin{pmatrix} 1 & 2 & -3 & | & a \\ 0 & 4 & 0 & | & b+a+2(c+b) \\ 0 & 0 & 1 & | & c+b \end{pmatrix} \rightarrow \begin{pmatrix} 1 & 2 & 0 & | & a+3(c+b) \\ 0 & 4 & 0 & | & b+a+2(c+b) \\ 0 & 0 & 1 & | & c+b \end{pmatrix}$$

$$\rightarrow \begin{pmatrix} 1 & 0 & 0 & | & a+3(c+b)-\frac{1}{2}(b+a+2(c+b)) \\ 0 & 4 & 0 & | & b+a+2(c+b) \\ 0 & 0 & 1 & | & c+b \end{pmatrix}$$

Teilen wir schließlich noch die zweite Zeile durch 4 und ordnen die Einträge auf der rechten Seite, so ergibt sich das Gleichungssystem

$$\begin{aligned} x &= \frac{1}{2}a + \frac{3}{2}b + 2c \\ y &= \frac{1}{4}a + \frac{3}{4}b + \frac{1}{2}c \\ z &= b + c \end{aligned} \quad \text{bzw.} \quad \begin{pmatrix} x \\ y \\ z \end{pmatrix} = \begin{pmatrix} \frac{1}{2} & \frac{3}{2} & 2 \\ \frac{1}{4} & \frac{3}{4} & \frac{1}{2} \\ 0 & 1 & 1 \end{pmatrix} \begin{pmatrix} a \\ b \\ c \end{pmatrix}.$$

Letzteres ist übrigens die Inverse zur Ausgangsmatrix.

3   Bei Parametern im Gleichungssystem müssen wir darauf achten, dass die Umformungsschritte auch für alle Werte des Parameters definiert sind.

$$\begin{pmatrix} 1 & 1 & 1 & | & 2 \\ 1 & 2 & -2 & | & 2 \\ 3 & 1 & \alpha^2 & | & 2\alpha \end{pmatrix} \rightarrow \begin{pmatrix} 1 & 1 & 1 & | & 2 \\ 0 & 1 & -3 & | & 0 \\ 0 & -2 & \alpha^2-3 & | & 2\alpha-6 \end{pmatrix} \rightarrow \begin{pmatrix} 1 & 1 & 1 & | & 2 \\ 0 & 1 & -3 & | & 0 \\ 0 & 0 & \alpha^2-9 & | & 2\alpha-6 \end{pmatrix}$$

Interessant ist nun die letzte Zeile, also die Gleichung $(\alpha^2-9)z = 2\alpha - 6$.

- Für $\alpha = -3$ ist die linke Seite Null, die rechte aber nicht. Hierfür gibt es daher keine Lösungen.

- Für $\alpha = +3$ sind beide Seiten Null und damit die Variable z frei wählbar. Hierfür gibt es unendlich viele Lösungen.

- $\alpha \neq \pm 3$ hingegen liefert stets eine eindeutige Lösung.

4 Nach der Definition der linearen Unabhängigkeit muss aus der Gleichung $\lambda_1 \vec{v}_1 + \lambda_2 \vec{v}_2 + \lambda_3 \vec{v}_3 = \vec{0}$ folgen, dass alle $\lambda_i = 0$ sind. Dabei handelt es sich um ein lineares Gleichungssystem mit den λ_i als Unbekannten. Diese können wir mit dem Gauß-Algorithmus berechnen.

$$\lambda_1 \begin{pmatrix} 1 \\ 2 \\ 2 \end{pmatrix} + \lambda_2 \begin{pmatrix} 0 \\ -1 \\ 3 \end{pmatrix} + \lambda_3 \begin{pmatrix} 1 \\ 0 \\ 2 \end{pmatrix} = \vec{0} \quad \rightarrow \quad \left(\begin{array}{ccc|c} 1 & 0 & 1 & 0 \\ 2 & -1 & 0 & 0 \\ 2 & 3 & 2 & 0 \end{array} \right)$$

$$\rightarrow \quad \left(\begin{array}{ccc|c} 1 & 0 & 1 & 0 \\ 0 & -1 & -2 & 0 \\ 0 & 3 & 0 & 0 \end{array} \right) \quad \rightarrow \quad \left(\begin{array}{ccc|c} 1 & 0 & 1 & 0 \\ 0 & -1 & -2 & 0 \\ 0 & 0 & -6 & 0 \end{array} \right)$$

Da nach Anwendung des Gauß-Algorithmus keine Nullzeile auftritt, gibt es eine eindeutige Lösung, nämlich $\lambda_1 = \lambda_2 = \lambda_3 = 0$. Somit sind die drei Vektoren linear unabhängig.

5 Der Gauß-Algorithmus für das erste Gleichungssystem:

$$\left(\begin{array}{ccc|c} 1 & -1 & -3 & 0 \\ -2 & 2 & 1 & 2 \end{array} \right) \rightarrow \left(\begin{array}{ccc|c} 1 & -1 & -3 & 0 \\ 0 & 0 & -5 & 2 \end{array} \right) \rightarrow \left(\begin{array}{ccc|c} 1 & -1 & -3 & 0 \\ 0 & 0 & 1 & -\frac{2}{5} \end{array} \right)$$

Aus der letzten Gleichung folgt $z = -\frac{2}{5}$. In der nächst höheren (der ersten) Zeile kommen gleich zwei Variablen dazu, sodass wir eine davon – sagen wir y – frei wählen können. Sind wir nur an einer einzigen Lösung interessiert, empfiehlt es sich, einen besonders einfachen Wert wie 0 für y einzusetzen. Wollen wir allerdings die gesamte Lösungsmenge, so müssen wir y unbestimmt lassen. Nach x aufgelöst ergibt sich $x = y + 3z = y - \frac{6}{5}$. Somit ist die Lösungsmenge

$$\left\{ \begin{pmatrix} y - \frac{6}{5} \\ y \\ -\frac{2}{5} \end{pmatrix} \in \mathbb{R}^3 \; \middle| \; y \in \mathbb{R} \right\} .$$

Der Gauß-Algorithmus für das zweite Gleichungssystem:

$$\left(\begin{array}{cc|c} -1 & 2 & 1 \\ -2 & 3 & 2 \\ 1 & 1 & 0 \end{array} \right) \rightarrow \left(\begin{array}{cc|c} -1 & 2 & 1 \\ 0 & -1 & 0 \\ 0 & 3 & 1 \end{array} \right) \rightarrow \left(\begin{array}{cc|c} -1 & 2 & 1 \\ 0 & -1 & 0 \\ 0 & 0 & 1 \end{array} \right)$$

Nun haben wir in der dritten Zeile einen Widerspruch ($0 \cdot y = 1$) und somit ist die Lösungsmenge die leere Menge.

Vorsicht: Auch wenn die zweite Zeile ähnlich wie die dritte aussieht, stellt die zweite keinen Widerspruch dar. Ausgeschrieben lautet sie nämlich $-z = 0$, was für $z = 0$ erfüllt ist.

Determinanten

6

ÜBERBLICK

6.1   Motivation

Wir haben Matrizen bisher als Schema zur Darstellung linearer Abbildungen oder linearer Gleichungssysteme kennen gelernt. Eine weitere, oft verwendete Betrachtungsweise ist die Zusammenfassung mehrerer Vektoren – meist einer Basis – zu einer Matrix, indem einfach jeder Vektor in eine Spalte der Matrix geschrieben wird. So erhalten wir beispielsweise aus der Standardbasis des $\mathbb{R}^3$ die (3×3)-Einheitsmatrix

$$
\begin{pmatrix} 1 \\ 0 \\ 0 \end{pmatrix}, \ \begin{pmatrix} 0 \\ 1 \\ 0 \end{pmatrix}, \ \begin{pmatrix} 0 \\ 0 \\ 1 \end{pmatrix} \quad \rightarrow \quad \begin{pmatrix} 1 & 0 & 0 \\ 0 & 1 & 0 \\ 0 & 0 & 1 \end{pmatrix}.
$$

Ähnlich wie zuvor können wir dann durch Untersuchungen der Matrix Rückschlüsse auf die Eigenschaften der Vektoren ziehen. Das Praktische ist nun, dass wir aus der Berechnung einer einzigen Größe, der *Determinante*, eine Vielzahl von Eigenschaften ableiten können. In diesem Zusammenhang interessieren uns die folgenden grundlegenden und auch anschaulichen Eigenschaften:

- **Lineare Unabhängigkeit.** Die kennen wir bereits, doch werden wir eine einfachere Überprüfungsmöglichkeit kennen lernen, als sie das Lösen linearer Gleichungssysteme bietet.

- **Orientierung.** Dieses Konzept ist im $\mathbb{R}^3$ als *Rechte-Hand-Regel* veranschaulicht. Die Determinante gibt uns einerseits die Möglichkeit der einfachen Bestimmung der Orientierung und andererseits die Möglichkeit der Verallgemeinerung in den $\mathbb{R}^n$.

- **Volumenberechnung.** Welches Volumen hat ein Quader im $\mathbb{R}^n$, dessen Seiten durch n Vektoren gegeben sind?

Dies ist nicht alles, was die Determinante vermag. Eine sehr wichtige Anwendung der Determinante besteht in der Berechnung von Eigenwerten linearer Abbildungen und wird uns somit in dem Kapitel zu diesem Thema noch einmal begegnen.

6.2   Definition und Berechnung

Die Definition der Determinante ist recht komplex und benötigt zuvor die Einführung der so genannten *Streichungsmatrix*. Ist die Definition allerdings erst einmal verstanden, ermöglicht sie eine einigermaßen einfache Berechnung. Bei vielen Betrachtungen werden wir es mit quadratischen Matrizen zu tun haben; nur für solche ist die Determinante definiert.

Definition **Streichungsmatrix**

Sei $A \in M(n \times n, \mathbb{K})$ mit $n > 1$. Dann kann aus A durch Streichen der i-ten Zeile und j-ten Spalte die so genannte *Streichungsmatrix*

$$S_{ij}(A) := \begin{pmatrix} a_{11} & \cdots & \not{a}_{1j} & \cdots\cdots & a_{1n} \\ \vdots & & \vdots & & \vdots \\ \vdots & & \vdots & & \vdots \\ \not{a}_{i1} & \cdots & \not{a}_{ij} & \cdots\cdots & \not{a}_{in} \\ \vdots & & \vdots & & \vdots \\ a_{n1} & \cdots & \not{a}_{nj} & \cdots\cdots & a_{nn} \end{pmatrix} \in M(n-1 \times n-1, \mathbb{K})$$

gewonnen werden.

Definition **Determinante**

Sei $n > 1$. Die *Determinante* $\det \colon M(n \times n, \mathbb{K}) \to \mathbb{K}$ ist definiert durch

$$\det A := \sum_{i=1}^{n} (-1)^{i+1} a_{i1} \det S_{i1}(A)\,.$$

Für $A = (a_{11}) \in M(1 \times 1, \mathbb{K}) = \mathbb{K}$ gilt $\det A := a_{11}$. Es wird oft

$$\begin{vmatrix} a_{11} & \cdots & a_{1n} \\ \vdots & \ddots & \vdots \\ a_{n1} & \cdots & a_{nn} \end{vmatrix} \quad \text{statt} \quad \det \begin{pmatrix} a_{11} & \cdots & a_{1n} \\ \vdots & \ddots & \vdots \\ a_{n1} & \cdots & a_{nn} \end{pmatrix}$$

geschrieben.

Die Determinante einer quadratischen Matrix ist also über die Determinanten kleinerer quadratischer Matrizen definiert. Letztere werden mit der gleichen Definition wiederum auf noch kleinere Matrizen zurückgeführt. Schließlich landen wir bei (1×1)-Matrizen, für die unsere Definition ohne weitere Umwege einen Wert für die Determinante liefert. Dieses Konzept, in einer Definition wieder auf die Definition zu verweisen, wird *Rekursion* genannt.

Schauen wir uns nun die Definition genauer an, wobei wir die Vorzeichen vorerst vernachlässigen. Es wird jedes Element der ersten Matrixspalte mit der Determinante der Streichungsmatrix multipliziert, die durch Streichen jener Zeile und Spalte entsteht, zu denen das aktuelle Element gehört. Schließlich wird alles summiert. Der Term $(-1)^{i+1}$ verursacht dabei einen Vorzeichenwechsel eines jeden zweiten Summanden.

Nun stellt sich vielleicht die Frage, was an der ersten Spalte einer Matrix so besonders ist, dass gerade sie zur Definition einer so praktischen Größe wie der Determinante benutzt wird. In der Tat kann durch einige Rechnerei eine entsprechende Formel für die Determinante hergeleitet werden, in der anstelle der ersten Spalte eine beliebige Spalte oder Zeile der Matrix durchlaufen wird. Diese Formeln sind als *Laplacescher Entwicklungssatz* zusammengefasst:

$$\det A = \sum_{k=1}^{n} (-1)^{i+k} a_{ik} \det S_{ik}(A) \qquad \text{(Entwicklung nach der } i\text{-ten Zeile)}$$

$$\det A = \sum_{i=1}^{n} (-1)^{i+k} a_{ik} \det S_{ik}(A) \qquad \text{(Entwicklung nach der } k\text{-ten Spalte)}$$

Welcher der Summanden sein Vorzeichen ändert, kann folgendem Schachbrettmuster entnommen werden:

$$\begin{vmatrix} + & - & + & \cdots \\ - & + & - & \cdots \\ + & - & + & \cdots \\ \vdots & \vdots & \vdots & \ddots \end{vmatrix}.$$

Die Minuszeichen stehen hier für einen Vorzeichenwechsel.

Der Vorteil dieses Satzes liegt darin, sich zur Determinantenberechnung einer gegebenen Matrix die Zeile oder Spalte auszusuchen, welche am wenigsten Rechenaufwand verspricht. Dies ist typischerweise die Zeile oder Spalte mit den meisten Nullen, denn so entfallen viele Determinantenberechnungen der Streichungsmatrizen.

▶ Beispiel

Enthält eine quadratische Matrix eine Nullzeile oder -spalte, so ist deren Determinante bei Entwicklung nach dieser Zeile oder Spalte Null, beispielsweise

$$\begin{vmatrix} a & b & c \\ d & e & f \\ 0 & 0 & 0 \end{vmatrix} = 0.$$

Wenn sich die Nullen nicht gerade wie in diesem Beispiel in einer Zeile oder Spalte konzentrieren, macht diese Strategie allerdings erst bei größeren Matrizen Sinn. Für (2×2)- und (3×3)-Matrizen ergeben sich aus der Definition separate Determinantenformeln, die wir im Folgenden herleiten wollen.

6.2.1 Berechnung für (2×2)-Matrizen

Wir berechnen die Determinante einer nicht näher konkretisierten (2×2)-Matrix $A = \begin{pmatrix} a_{11} & a_{12} \\ a_{21} & a_{22} \end{pmatrix}$ direkt nach der Definition (Entwicklung nach der ersten Spalte):

$$
\det A = \sum_{i=1}^{2} (-1)^{i+1} a_{i1} \det S_{i1}(A)
$$

$$
= (-1)^2 a_{11} \underbrace{\det S_{11}(A)}_{= a_{22}} + (-1)^3 a_{21} \underbrace{\det S_{21}(A)}_{= a_{12}}
$$

$$
= a_{11} a_{22} - a_{21} a_{12} \, .
$$

Dies kann in folgendem Schema zusammengefasst werden:

$$
\begin{vmatrix} \cdot & \cdot \\ \cdot & \cdot \end{vmatrix} = \searrow - \swarrow
$$

6.2.2 Berechnung für (3×3)-Matrizen

Für den ebenso häufigen Fall der (3×3)-Matrizen berechnen wir auf die gleiche Weise die Determinante von $B = \begin{pmatrix} a_{11} & a_{12} & a_{13} \\ a_{21} & a_{22} & a_{23} \\ a_{31} & a_{32} & a_{33} \end{pmatrix}$:

$$
\det B = a_{11} \begin{vmatrix} a_{22} & a_{23} \\ a_{32} & a_{33} \end{vmatrix} - a_{21} \begin{vmatrix} a_{12} & a_{13} \\ a_{32} & a_{33} \end{vmatrix} + a_{31} \begin{vmatrix} a_{12} & a_{13} \\ a_{22} & a_{23} \end{vmatrix}
$$

$$
= a_{11}(a_{22}a_{33} - a_{32}a_{23}) - a_{21}(a_{12}a_{33} - a_{32}a_{13})
$$
$$
+ a_{31}(a_{12}a_{23} - a_{22}a_{13})
$$

$$
= a_{11}a_{22}a_{33} + a_{12}a_{23}a_{31} + a_{13}a_{21}a_{32}
$$
$$
- a_{31}a_{22}a_{13} - a_{32}a_{23}a_{11} - a_{33}a_{21}a_{12}
$$

Auch hier hilft ein Schema als Merkhilfe, der Übersichtlichkeit wegen ohne Indizes. Dafür schreiben wir die ersten beiden Spalten noch einmal hinten an die Matrix. Die Terme zu den schräg nach unten zeigenden Pfeilen werden addiert, jene zu den schräg nach oben zeigenden werden subtrahiert.

$$
\begin{vmatrix} a & b & c \\ d & e & f \\ g & h & i \end{vmatrix} =
\begin{matrix} a & b & c & a & b \\ d & e & f & d & e \\ g & h & i & g & h \end{matrix} -
\begin{matrix} a & b & c & a & b \\ d & e & f & d & e \\ g & h & i & g & h \end{matrix}
$$

Diese Determinantenberechnung heißt *Regel von Sarrus*.

6.2.3 Dreiecksmatrizen

Matrizen, die oberhalb bzw. unterhalb der Diagonalen ausschließlich Nullen als Einträge haben, werden *obere* bzw. *untere Dreiecksmatrizen* genannt. Deren Determinante ist besonders leicht zu berechnen, unabhängig von der Größe der Matrix. In diesen Fällen ist nämlich die Determinante lediglich das Produkt der Diagonalelemente:

$$
\begin{vmatrix} a_{11} & * & \cdots & * \\ 0 & a_{22} & \ddots & \vdots \\ \vdots & \ddots & \ddots & * \\ 0 & \cdots & 0 & a_{nn} \end{vmatrix} =
\begin{vmatrix} a_{11} & 0 & \cdots & 0 \\ * & a_{22} & \ddots & \vdots \\ \vdots & \ddots & \ddots & 0 \\ * & \cdots & * & a_{nn} \end{vmatrix} = a_{11} \cdot a_{22} \cdot \ldots \cdot a_{nn}
$$

Prüfen Sie dies als Übung zum Laplaceschen Entwicklungssatz eigenständig nach!

6.3   Geometrische Interpretation

6.3.1 Determinante als Volumenform

Wir erwähnten bereits, Matrizen hier auch als Zusammenfassung von Vektoren – ihrer Spaltenvektoren – betrachten zu wollen. Unter dieser Sichtweise erhält die Determinante eine sehr anschauliche Bedeutung. Die Determinante gibt nämlich ein Volumen an.

- Für reelle (3×3)-Matrizen spannen die drei Spaltenvektoren ein so genanntes Parallelepiped auf. Ein Parallelepiped ist vorstellbar als schiefer Würfel, dessen Kanten durch die Spaltenvektoren gegeben sind. Die Seitenflächen eines Parallelepipeds sind Parallelogramme, gegenüber liegende Seiten sind parallel zueinander. Es gilt:
  Das Volumen des Parallelepipeds, welches von den Vektoren $\vec{v}_1, \vec{v}_2, \vec{v}_3 \in \mathbb{R}^3$ aufgespannt wird, ist gleich $|\det(\vec{v}_1, \vec{v}_2, \vec{v}_3)|$.
  (Beachten Sie den Betrag, denn die Determinante kann durchaus auch negativ sein.)

- Für reelle (2×2)-Matrizen sieht die Sache ganz ähnlich aus. Die zwei Spaltenvektoren spannen diesmal nur ein (zweidimensionales) Parallelogramm auf und ein zweidimensionales Volumen nennen wir normalerweise Flächeninhalt. Wiederum gilt:
  Der Flächeninhalt des Parallelogramms, welches von den Vektoren $\vec{v}_1$, $\vec{v}_2 \in \mathbb{R}^2$ aufgespannt wird, ist gleich $|\det(\vec{v}_1, \vec{v}_2)|$.

- Der Vollständigkeit halber soll hier noch der Fall der (1×1)-Matrizen aufgelistet werden:
  Die Länge der Strecke, welche von dem Vektor $\vec{v}_1 \in \mathbb{R}$ aufgespannt wird, ist gleich $|\det(\vec{v}_1)|$.

Auch für höhere Dimensionen kann ein analoger Sachverhalt formuliert werden, wird aber in der Praxis seltener benötigt. Dennoch ist es eine gute Übung, ein Parallelepiped im $\mathbb{R}^4$ oder höher, das von entsprechend vielen Vektoren aufgespannt wird, als Menge aufzuschreiben. Linearkombinationen werden dabei behilflich sein.

6.3.2 Determinante und Orientierung

Das Vorzeichen der Determinante haben wir zur Volumenbestimmung nicht gebraucht. Wir können diese zusätzliche Information nutzen, um die Orientierung der Vektoren zu bestimmen. Im $\mathbb{R}^2$ ist eine Orientierung durch den Uhrzeigersinn gegeben, im $\mathbb{R}^3$ durch die Rechte-Hand-Regel (mehr dazu gleich). Um den Zusammenhang zwischen Orientierung und Vorzeichen der Determinante zu erkennen, berechnen wir zunächst das Vorzeichen einiger Determinanten:

$$\begin{vmatrix} 1 & 0 \\ 0 & 1 \end{vmatrix} = +1 \,, \quad \begin{vmatrix} 0 & 1 \\ 1 & 0 \end{vmatrix} = -1 \,.$$

Bei der Matrix mit positiver Determinante kann der erste Spaltenvektor durch Drehung *entgegen* dem Uhrzeigersinn (das ist der mathematisch positive Drehsinn) schneller in Richtung des zweiten Spaltenvektors gedreht werden als mit dem Uhrzeigersinn. Bei negativer Determinante ist dies genau umgekehrt.

An (3×3)-Matrizen testen wir einige mehr:

$$\begin{vmatrix} 1 & 0 & 0 \\ 0 & 1 & 0 \\ 0 & 0 & 1 \end{vmatrix} = +1 \,, \quad \begin{vmatrix} 0 & 0 & 1 \\ 1 & 0 & 0 \\ 0 & 1 & 0 \end{vmatrix} = +1 \,, \quad \begin{vmatrix} 0 & 1 & 0 \\ 0 & 0 & 1 \\ 1 & 0 & 0 \end{vmatrix} = +1 \,,$$

$$\begin{vmatrix} 1 & 0 & 0 \\ 0 & 0 & 1 \\ 0 & 1 & 0 \end{vmatrix} = -1 \,, \quad \begin{vmatrix} 0 & 1 & 0 \\ 1 & 0 & 0 \\ 0 & 0 & 1 \end{vmatrix} = -1 \,, \quad \begin{vmatrix} 0 & 0 & 1 \\ 0 & 1 & 0 \\ 1 & 0 & 0 \end{vmatrix} = -1 \,.$$

Sie können leicht überprüfen, dass die Spaltenvektoren der Matrizen mit positiver Determinante der Rechte-Hand-Regel genügen. D. h. die Lagen der drei

Vektoren – von links nach rechts – können durch Daumen, Zeige- und Mittelfinger der rechten Hand dargestellt werden. Die Spaltenvektoren der Matrizen mit negativer Determinante genügen hingegen einer Linke-Hand-Regel.

Diese Ergebnisse haben wir zwar nur durch einige wenige Beispielmatrizen hergeleitet, sie gelten aber für beliebige (2×2)- bzw. (3×3)-Matrizen. Somit haben wir mit der Determinante ein einheitliches Kriterium zur Charakterisierung der Orientierung an der Hand. Dies wollen wir nutzen, um die Orientierung etwas mathematischer zu definieren.

Definition | **Orientierung**

n Vektoren $\vec{v}_1, ..., \vec{v}_n \in \mathbb{R}^n$ in angegebener Reihenfolge heißen

- *positiv orientiert*, falls $\det(\vec{v}_1, ..., \vec{v}_n) > 0$ und
- *negativ orientiert*, falls $\det(\vec{v}_1, ..., \vec{v}_n) < 0$ ist.

6.3.3 Determinante und lineare Unabhängigkeit

Die Beziehung zwischen der linearen (Un-)Abhängigkeit und dem Wert der Determinante werden wir ebenfalls mithilfe unserer Anschauung herleiten, zumindest in den wichtigen Fällen des zwei- und dreidimensionalen Raumes.

Wie kann die lineare Abhängigkeit zweier Vektoren in der Ebene anschaulich charakterisiert werden?

Nun, die Vektoren sind genau dann linear abhängig, wenn sie in die gleiche – oder entgegengesetzte – Richtung weisen, d. h. wenn sie Vielfache voneinander sind. Anderenfalls sind sie linear unabhängig und spannen somit die gesamte Ebene auf. Schauen wir uns an, welche Determinante eine Matrix hat, deren Spaltenvektoren linear abhängig sind:

$$\begin{vmatrix} a & \lambda a \\ b & \lambda b \end{vmatrix} = a \cdot \lambda b - b \cdot \lambda a = 0\,.$$

Umgekehrt sind Determinanten von Matrizen mit linear unabhängigen Spaltenvektoren ungleich Null. Erinnern wir uns an die Determinante als Maß des Flächeninhaltes des durch die beiden Spaltenvektoren aufgespannten Parallelogramms, so macht dies durchaus Sinn. Linear abhängige Vektoren zeigen in die gleiche Richtung. Somit ist das von ihnen aufgespannte Parallelogramm degeneriert und hat einen Flächeninhalt von Null.

Und wie sieht die lineare Abhängigkeit dreier Vektoren im $\mathbb{R}^3$ aus?

Hier sind die Vektoren genau dann linear abhängig, wenn sie in der gleichen Ursprungsebene liegen. (Dies schließt natürlich den Fall mit ein, dass alle drei Vektoren Vielfache voneinander sind.) Das von diesen drei Vektoren aufgespannte Parallelepiped liegt dann ebenfalls in der Ebene und hat ein Volumen von Null. Somit gilt auch hier, dass die Determinante von Matrizen mit linear abhängigen Spaltenvektoren Null ergibt. Bei linear unabhängigen Spaltenvektoren ist die Determinante hingegen ungleich Null.

Dieser Sachverhalt lässt sich auf beliebige Dimension und gar auf komplexwertige Matrizen erweitern. Der folgende Satz geht darauf ein. Er verbindet gleichzeitig viele der uns bereits bekannten Matrixgrößen und zeigt, wie eng die Beziehungen zwischen diesen sind.

Satz Es sei $A \in M(n \times n, \mathbb{K})$. Dann gelten folgende Äquivalenzen:

$$\det A \neq 0$$

$\Leftrightarrow$ Die Spalten (Zeilen) von A sind linear unabhängig.

$\Leftrightarrow$ $\operatorname{Rang} A = n$

$\Leftrightarrow$ $\operatorname{Kern} A = \{\vec{0}\}$

$\Leftrightarrow$ A^{-1} existiert.

6.4 Rechenregeln für die Determinante

Die Determinantenfunktion erfüllt weiterhin eine ganze Reihe brauchbarer Eigenschaften. Je mehr Sie davon beherrschen, desto leichter werden Determinantenberechnungen fallen, denn durch die Anwendung der folgenden Punkte zur rechten Zeit kann die Rechnung erheblich vereinfacht werden. Dementsprechend sind die aufgeführten Eigenschaften teilweise redundant, einige Eigenschaften folgen gar direkt aus anderen. Sie wurden dennoch genannt, um sie für Berechnungen besser verfügbar zu machen.

Teilweise kommen Determinanten von n Vektoren des $\mathbb{K}^n$ vor. Gemeint ist dabei die Determinante der Matrix, die diese n Vektoren als Spaltenvektoren hat. Dank Punkt 5 gelten diese Punkte allerdings genauso, wenn anstelle der Spalten die Zeilen der Matrix betrachtet werden.

Seien $A, B \in M(n \times n, \mathbb{K})$, $\vec{a}_1, \ldots, \vec{a}_n$ und $\vec{b}_1, \ldots, \vec{b}_n \in \mathbb{K}^n$ Spaltenvektoren. Seien ferner $\vec{c} \in \mathbb{K}^n$ und $\lambda \in \mathbb{K}$. Dann gilt:

1. $\det(\vec{a}_1, \ldots, \vec{a}_k, \ldots, \vec{a}_l, \ldots, \vec{a}_n) = -\det(\vec{a}_1, \ldots, \vec{a}_l, \ldots, \vec{a}_k, \ldots, \vec{a}_n)$;

   das Vertauschen zweier Spalten – oder Zeilen – ändert lediglich das Vorzeichen. Die Determinante ist *alternierend*.

2. $\det(\vec{a}_1, \ldots, \vec{a}_k, \ldots, \vec{a}_k, \ldots, \vec{a}_n) = 0$,

   gleiche Spalten – oder Zeilen – ergeben Null als Determinante. Dies ist eine direkte Folgerung des vorigen Punktes.

3. $\det(\vec{a}_1, ..., \vec{a}_{k-1}, (\vec{a}_k + \lambda \vec{c}), \vec{a}_{k+1}, ..., \vec{a}_n) =$
$\det(\vec{a}_1, ..., \vec{a}_{k-1}, \vec{a}_k, \vec{a}_{k+1}, ..., \vec{a}_n) + \lambda \det(\vec{a}_1, ..., \vec{a}_{k-1}, \vec{c}, \vec{a}_{k+1}, ..., \vec{a}_n),$

dies ist die Linearitätseigenschaft, allerdings für eine Spalte – oder Zeile –, während die anderen nicht verändert werden. Die Determinante ist *in jeder Spalte – oder Zeile – linear.*

4. $\det(\vec{a}_1, ..., \vec{a}_{k-1}, (\vec{a}_k + \lambda \vec{a}_l), \vec{a}_{k+1}, ..., \vec{a}_n) = \det(\vec{a}_1, ..., \vec{a}_{k-1}, \vec{a}_k, \vec{a}_{k+1}, ..., \vec{a}_n).$

Addieren eines Vielfachen einer Spalte – oder Zeile – zu einer anderen ändert die Determinante nicht.

5. $\det A = \det A^{\mathrm{T}},$

wegen dieser Gleichheit können wir die Aussagen 1. bis 4. auch auf Zeilen übertragen, denn beim Transponieren werden ja aus Zeilen Spalten und aus Spalten Zeilen.

6. $\det(AB) = \det A \cdot \det B.$

7. $\det A^{-1} = \frac{1}{\det A},$ falls A invertierbar ist ;

dies ist eine direkte Folgerung aus dem vorigen Punkt und aus $\det E = 1$.

6.5   Das Kreuzprodukt

Bisher haben wir definiert, was die Summe zweier Vektoren und das Produkt eines Skalars mit einem Vektor ist. Das Kreuzprodukt gibt uns nun eine Möglichkeit, zwei Vektoren miteinander zu multiplizieren. Es ist allerdings nur für Vektoren des $\mathbb{R}^3$ definiert, bietet dort aber eine schöne geometrische Interpretation. Später werden wir mit dem Skalarprodukt ein weiteres Produkt von Vektoren kennen lernen, das gänzlich anders aussieht als das Kreuzprodukt.

Definition   **Kreuzprodukt**

Seien $\vec{x}, \vec{y} \in \mathbb{R}^3$. Dann ist das *Kreuzprodukt* definiert durch

$$\vec{x} \times \vec{y} := \begin{pmatrix} x_2 y_3 - x_3 y_2 \\ x_3 y_1 - x_1 y_3 \\ x_1 y_2 - x_2 y_1 \end{pmatrix}$$

oder durch

$$\vec{x} \times \vec{y} := \begin{vmatrix} x_1 & y_1 & \vec{e}_1 \\ x_2 & y_2 & \vec{e}_2 \\ x_3 & y_3 & \vec{e}_3 \end{vmatrix}.$$

Letzteres ist dabei nur als Rechenschema und Merkhilfe zu verstehen und soll den Bezug zur Determinante herstellen. Vektoren und Zahlen in derselben Matrix machen ansonsten keinen Sinn. Berechnen wir die Determinante beispielsweise mit der Regel von Sarrus, so erhalten wir

$$\begin{vmatrix} x_1 & y_1 & \vec{e}_1 \\ x_2 & y_2 & \vec{e}_2 \\ x_3 & y_3 & \vec{e}_3 \end{vmatrix} = x_1 y_2 \vec{e}_3 + x_3 y_1 \vec{e}_2 + x_2 y_3 \vec{e}_1 - x_3 y_2 \vec{e}_1 - x_1 y_3 \vec{e}_2 - x_2 y_1 \vec{e}_3 ,$$

was dem Kreuzprodukt aus der ersten Formel entspricht.

Was ergibt sich aus der Determinantendarstellung für $\vec{y} \times \vec{x}$?
Da die Determinante alternierend ist, d. h. bei Vertauschen zweier Spalten ihr Vorzeichen ändert, muss dies auch für das Kreuzprodukt gelten:

$$\vec{y} \times \vec{x} = -\vec{x} \times \vec{y} .$$

Die meisten der folgenden Fakten übertragen sich ebenso leicht von den Determinanteneigenschaften auf das Kreuzprodukt.

- $\vec{x} \times \vec{y}$ steht senkrecht auf $\vec{x}$ und $\vec{y}$;

- $\|\vec{x} \times \vec{y}\|$ ist der Flächeninhalt des von $\vec{x}$ und $\vec{y}$ aufgespannten Parallelogramms;

- $\vec{y} \times \vec{x} = -\vec{x} \times \vec{y}$;
  das Kreuzprodukt ist alternierend;

- $(a\vec{x} + b\vec{y}) \times \vec{z} = a(\vec{x} \times \vec{z}) + b(\vec{y} \times \vec{z})$,
  $\vec{x} \times (a\vec{y} + b\vec{z}) = a(\vec{x} \times \vec{y}) + b(\vec{x} \times \vec{z})$;
  das Kreuzprodukt ist in beiden Eingängen linear;

- $(\vec{x}, \vec{y}, \vec{x} \times \vec{y})$ genügen der Rechte-Hand-Regel.

Das Kreuzprodukt kommt in der Physik häufig vor. Bekannte Beispiele sind die Winkelgeschwindigkeit $\vec{\omega}$ mit der Gleichung $\vec{v} = \vec{\omega} \times \vec{r}$ sowie die Lorentz-Kraft $\vec{F} = q(\vec{v} \times \vec{B})$.

6.6 Aufgaben

1 Berechnen Sie die Determinanten folgender Matrizen.

$$A = \begin{pmatrix} 1 & 2 \\ 3 & 4 \end{pmatrix} , \quad B = \begin{pmatrix} -4 & -3 & -2 \\ -1 & 0 & 1 \\ 2 & 3 & 4 \end{pmatrix} .$$

2   Berechnen Sie die Determinante von

$$A = \begin{pmatrix} 1 & 2 & 0 & 3 \\ 2 & 2 & 3 & 0 \\ 3 & 1 & 0 & 2 \\ 0 & 3 & 1 & 6 \end{pmatrix}$$

mithilfe der Laplace-Entwicklung.

3   Beschreiben Sie die Menge aller Vektoren $\vec{v}$, welche die Gleichung

$$\vec{v} \times \begin{pmatrix} -1 \\ 2 \\ 0 \end{pmatrix} = \begin{pmatrix} 0 \\ 0 \\ 5 \end{pmatrix}$$

lösen.

4   Bestimmen Sie alle Vektoren in Richtung $\begin{pmatrix} 0 \\ 2 \\ 1 \end{pmatrix}$, die zusammen mit den beiden Vektoren

$$\vec{v}_1 = \begin{pmatrix} 1 \\ 2 \\ 0 \end{pmatrix}, \quad \vec{v}_2 = \begin{pmatrix} -2 \\ -1 \\ 1 \end{pmatrix},$$

ein Parallelepiped mit einem Volumen von 3 aufspannen.

5   Überprüfen Sie mithilfe von Determinanten, ob die Vektoren

$$\vec{v}_1 = \begin{pmatrix} 2 \\ 2 \\ 1 \end{pmatrix}, \quad \vec{v}_2 = \begin{pmatrix} 3 \\ -1 \\ 0 \end{pmatrix}, \quad \vec{v}_3 = \begin{pmatrix} 2 \\ 1 \\ 1 \end{pmatrix},$$

linear abhängig oder linear unabhängig sind.

6.7   Lösungen

1

$$\det A = \begin{vmatrix} 1 & 2 \\ 3 & 4 \end{vmatrix} = 1 \cdot 4 - 2 \cdot 3 = -2$$

$$\det B = \begin{vmatrix} -4 & -3 & -2 \\ -1 & 0 & 1 \\ 2 & 3 & 4 \end{vmatrix}$$

$$= (-4) \cdot 0 \cdot 4 + (-3) \cdot 1 \cdot 2 + (-2) \cdot (-1) \cdot 3$$
$$- 2 \cdot 0 \cdot (-2) - 3 \cdot 1 \cdot (-4) - 4 \cdot (-1) \cdot (-3)$$
$$= 0 \quad \text{(mit der Regel von Sarrus)}$$

2 Um Rechenaufwand zu sparen, suchen wir uns eine Zeile oder Spalte mit möglichst vielen Nullen, hier die dritte Spalte. Nach dieser Spalte entwickeln wir die Determinante und alle Untermatrizen, die mit einer Null multipliziert werden, brauchen wir gar nicht erst hinzuschreiben. Die anderen 3×3-Untermatrizen werden wir ebenfalls nach Laplace entwickeln (die erste nach der ersten Spalte, die zweite nach der zweiten Zeile).

$$
\det(A) = \begin{vmatrix} 1 & 2 & 0 & 3 \\ 2 & 2 & 3 & 0 \\ 3 & 1 & 0 & 2 \\ 0 & 3 & 1 & 6 \end{vmatrix}
$$

$$
= 0 \cdot \begin{vmatrix} \cdots \end{vmatrix} - 3 \cdot \begin{vmatrix} 1 & 2 & 3 \\ 3 & 1 & 2 \\ 0 & 3 & 6 \end{vmatrix} + 0 \cdot \begin{vmatrix} \cdots \end{vmatrix} - 1 \cdot \begin{vmatrix} 1 & 2 & 3 \\ 2 & 2 & 0 \\ 3 & 1 & 2 \end{vmatrix}
$$

$$
= -3 \left(1 \cdot \begin{vmatrix} 1 & 2 \\ 3 & 6 \end{vmatrix} - 3 \cdot \begin{vmatrix} 2 & 3 \\ 3 & 6 \end{vmatrix} \right) - 1 \left(-2 \cdot \begin{vmatrix} 2 & 3 \\ 1 & 2 \end{vmatrix} + 2 \cdot \begin{vmatrix} 1 & 3 \\ 3 & 2 \end{vmatrix} \right)
$$

$$
= -3 \left(1 \cdot 0 - 3 \cdot 3 \right) - 1 \left(-2 \cdot 1 + 2 \cdot (-7) \right)
$$

$$
= 27 + 16 = 43
$$

3 Bei dieser Aufgabe argumentieren wir mit den Eigenschaften des Kreuzproduktes.

Zum einen steht der Ergebnisvektor $\begin{pmatrix} 0 \\ 0 \\ 5 \end{pmatrix}$ des Kreuzproduktes senkrecht auf den beiden anderen Vektoren, also speziell senkrecht auf $\vec{v}$. Da der Ergebnisvektor in Richtung der z-Achse zeigt, muss $\vec{v}$ in der xy-Ebene liegen.

Zum anderen gibt die Länge des Ergebnisvektors, hier 5, den Flächeninhalt des Parallelogramms an, welches von $\vec{v}$ und $\begin{pmatrix} -1 \\ 2 \\ 0 \end{pmatrix}$ aufgespannt wird. Solche Parallelogramme gibt es unendlich viele, wie in der Skizze zu sehen. Die variable Seite, gegeben durch $\vec{v}$, endet jeweils auf einer fixen Geraden.

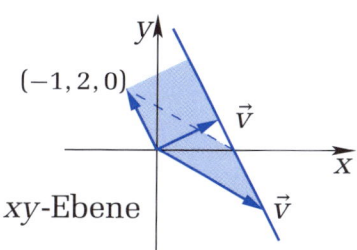

xy-Ebene

Einen Stützvektor dieser Geraden erhalten wir, indem wir den Vektor $\begin{pmatrix} -1 \\ 2 \\ 0 \end{pmatrix}$ in der xy-Ebene um 90 Grad im Uhrzeigersinn (die Richtung ergibt sich daraus, dass das Kreuzprodukt der Rechte-Hand-Regel genügt) drehen: $\begin{pmatrix} 2 \\ 1 \\ 0 \end{pmatrix}$.

Diese beiden Vektoren haben jeweils die Länge $\sqrt{5}$, womit das von ihnen aufgespannte Quadrat den richtigen Flächeninhalt hat. Somit ist die Lösungsmenge

$$\left\{ \vec{v} = \begin{pmatrix} 2 \\ 1 \\ 0 \end{pmatrix} + t \begin{pmatrix} -1 \\ 2 \\ 0 \end{pmatrix} \mid t \in \mathbb{R} \right\} .$$

4 Das Volumen eines Parallelepipeds können wir durch die Determinante der Matrix mit den drei Vektoren als Spalten bestimmen. Die gesuchten Vektoren sollen in Richtung $\begin{pmatrix} 0 \\ 2 \\ 1 \end{pmatrix}$ zeigen, sie haben also die Gestalt $\vec{v} = \lambda \begin{pmatrix} 0 \\ 2 \\ 1 \end{pmatrix}$. Somit müssen wir lediglich die Gleichung

$$| \det(\vec{v}, \vec{v}_1, \vec{v}_2) | = 3$$

nach λ auflösen. Es ist

$$\det(\vec{v}, \vec{v}_1, \vec{v}_2) = \lambda \begin{vmatrix} 0 & 1 & -2 \\ 2 & 2 & -1 \\ 1 & 0 & 1 \end{vmatrix} = \lambda(0 + (-1) + 0 - (-4) - 2 - 0) = \lambda .$$

Somit gibt es einzig die Lösungen $\lambda = \pm 3$, was zu den Lösungsvektoren $\vec{v} = \pm \begin{pmatrix} 0 \\ 6 \\ 3 \end{pmatrix}$ führt.

5 Die Determinante einer Matrix gibt uns Auskunft über die lineare (Un-)abhängigkeit ihrer Spalten bzw. Zeilen.

$$\begin{vmatrix} 2 & 3 & 2 \\ 2 & -1 & 1 \\ 1 & 0 & 1 \end{vmatrix} = -2 + 3 + 0 - (-2) - 6 - 0 = -3 \neq 0 .$$

Somit sind die drei Vektoren linear unabhängig. Bei Null als Ergebnis wären die Vektoren linear abhängig.

Norm und Skalarprodukt

7

ÜBERBLICK

7.1   Motivation

Egal ob Ingenieur, Physiker oder Mathematiker: Längen- und Winkelmessungen sind von elementarer Bedeutung. Denken Sie nur an GPS-Navigation im Auto, das Navigieren von Schiffen und Flugzeugen, die Reichweite eines Radiosenders oder gar Lichtbrechung, bei der Einfallswinkel eine besondere Rolle spielen: Überall treten diese Begriffe auf. Klar, im Alltag können wir dafür teils Maßband und Geodreieck verwenden. Aber diese beiden Utensilien lassen sich nicht in einen beliebigen Vektorraum mitnehmen. Welche Länge ein Pfeil (Vektorbegriff aus der Schule) hat, kann leicht gemessen werden. Gleiches gilt für den Winkel zwischen zwei einfachen Vektoren, die auf das Papier gezeichnet wurden. Aber z. B. auch Polynome, die einen Vektorraum bilden, dürfen linear unabhängig sein. Anschaulich heißt das für uns, dass der „Winkel" zwischen ihnen nicht Null ist. Aber wie messen wir diesen und welche Länge hat eigentlich ein Polynom? Mit Lineal und Winkelmesser in der Hand werden wir das nicht ermitteln können. Dazu brauchen wir also wieder etwas Theorie, die wir hier behandeln werden. Dabei wird uns beruhigen, dass die definierten und abgeleiteten Begriffe nach dem modelliert sind, was wir uns ohnehin als sinnvoll denken bzw. aus dem Alltag kennen.

7.2   Die Norm

Wir starten in diesem Teil mit der Norm:

Definition   **Norm**

Sei V ein $\mathbb{K}$-Vektorraum. Eine Abbildung

$$\| \cdot \| : V \to \mathbb{R}^+ , \qquad \vec{v} \mapsto \|\vec{v}\|$$

heißt *Norm*, wenn gilt:

1. $\|\vec{v}\| \geq 0$ für alle $\vec{v} \in V$ und $\|\vec{v}\| = 0 \Leftrightarrow \vec{v} = \vec{0}$ (positive Definitheit);

2. $\|\vec{v} + \vec{w}\| \leq \|\vec{v}\| + \|\vec{w}\|$ für alle $\vec{v}, \vec{w} \in V$ (Dreiecksungleichung);

3. $\|\alpha \vec{v}\| = |\alpha| \|\vec{v}\|$ für alle $\alpha \in \mathbb{K}$ und alle $\vec{v} \in V$.

Ein normierter Vektorraum ist ein Paar $(V, \| \cdot \|)$, bestehend aus einem Vektorraum und einer Norm. (Der Punkt zwischen den Normstrichen ist nur ein Platzhalter für die einzusetzenden Vektorraumelemente.)

Wenn wir die einzelnen Forderungen an eine Norm ansehen, erkennen wir, dass diese in gewisser Weise verallgemeinert, was gewöhnlich unter „Länge" verstanden wird. So besagt 1. im Wesentlichen, dass die Länge nicht negativ sein kann. Warum wir 2. Dreiecksungleichung nennen, ist im nächsten Beispiel sehr gut zu sehen. Dieses besagt grob formuliert, dass es auf direktem Wege schneller zum Ziel geht als über einen Umweg; dies wird aus der folgenden Skizze klar. Punkt 3. spricht eigentlich für sich. Hier überlassen wir es daher Ihnen, das ganze in Worte zu fassen.

Insgesamt steckt also in der Definition wirklich die Grundidee dessen, was von einer Längenmessung erwartet wird. Allerdings haben wir nun einen verallgemeinerten Begriff, der auch für beliebige Vektorräume funktioniert. Wir können aber nicht erwarten, dass die Norm eines Elementes des Vektorraumes der differenzierbaren Funktionen eine Länge ist, die sich in Metern ausdrücken lässt. Dennoch werden wir sehen, welche nützlichen Dinge sich mit der Norm anstellen lassen.

▶ Beispiel

Die so genannte *Standardnorm*: Wir betrachten auf dem $\mathbb{R}^n$

$$\|\vec{x}\| := \left(x_1^2 + \dots + x_n^2\right)^{\frac{1}{2}} .$$

Der Einheitskreis K im $\mathbb{R}^2$ ist dann $K = \{\vec{x} \in \mathbb{R}^2 \mid \|\vec{x}\| = 1\}$, denn nach dem Satz von Pythagoras ist $x_1^2 + x_2^2 = 1$, also $\|\vec{x}\| = 1$.

Ist das wirklich eine Norm? Ja, denn

1. $\|\vec{x}\| \geq 0$ aufgrund der Quadrate;
   ferner ist offensichtlich nur für $\vec{x} = (0\dots0)^T = \vec{0}$ die Norm $\|\vec{x}\| = 0$.

2.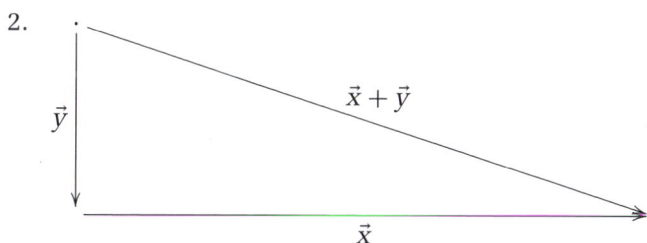

Hier sehen Sie die Gültigkeit der Dreiecksgleichung für den zweidimensionalen Fall und es ist leicht zu erkennen, woher sie ihren Namen hat. Aufgrund der Struktur ist klar, dass sich in höheren Dimensionen nichts ändert, was zur Ungültigkeit von 2. für die hier definierte Norm führen könnte. Es ist aber auch nicht schwer, einen formalen Beweis zu führen. Wir machen dies einfach für $x, y \in \mathbb{R}$, da hier die Beweisidee besonders gut sichtbar wird. Es ist zu zeigen, dass $\|x + y\| \leq \|x\| + \|y\|$. Wir wenden einen Trick an, denn mit den hinter der Norm verborgenen Wurzeln möchte niemand wirklich rechnen. Es gibt hierfür einfach keine hübschen Rechenregeln. Daher quadrieren wir beide Seiten und es bleibt zu zeigen

$$x^2 + y^2 \leq (\sqrt{x^2} + \sqrt{y^2})^2 = x^2 + y^2 + 2\sqrt{x^2}\sqrt{y^2} \ .$$

Der letzte Term ist offensichtlich größer oder gleich Null, die rechte Seite ist also tatsächlich größer. Bitte denken Sie nicht, dass wir hier nur aus Gründen der Einfachheit einen Spezialfall bewiesen haben, denn das Verstehen von Mathematik läuft häufig über Prinzipien und Grundideen, die alles weitere einfach(er) machen. Die Grundidee haben wir hier gesehen. Nach unserer Überlegung kommen nämlich nach dem Potenzieren einfach auf der rechten Seite Terme dazu, die für ein Übergewicht sorgen.

3. $\|\alpha\vec{x}\| = \left(\alpha^2 x_1^2 + \ldots + \alpha^2 x_n^2\right)^{\frac{1}{2}}$

       $= \left(\alpha^2 \left(x_1^2 + \ldots + x_n^2\right)\right)^{\frac{1}{2}}$

       $= \sqrt{\alpha^2} \left(\sum_{i=1}^n x_i^2\right)^{\frac{1}{2}}$

       $= |\alpha| \|\vec{x}\| \ .$

▶ Beispiel

Hier definieren wir die *Maximumsnorm* im $\mathbb{R}^n$:

$$\|\vec{x}\|_{\max} := \max\left\{|x_1|, \ldots, |x_n|\right\} \ .$$

Es ist interessant sich zu überlegen, wie der „Einheitskreis" bzgl. dieser Norm aussieht.

$$K = \left\{\vec{x} \in \mathbb{R}^2 \mid \|\vec{x}\|_{\max} = 1\right\}$$

Bitte überlegen Sie selbst, warum das so ist; die Skizze sollte Tipp genug sein. Hier ist 1. erfüllt, denn bei der Definition wird jeweils das Maximum der Beträge der Komponenten genommen, weshalb keine Werte kleiner als Null möglich sind und Null selbst nur dann vorkommen kann, wenn alle Komponenten Null sind, was gerade nur für den Nullvektor gilt. Da die Dreiecksungleichung für Beträge von reellen Zahlen gilt, gilt sie auch hier, womit 2. erfüllt ist. Weil sich aus den Beträgen das α herausziehen lässt und dann auch vor das Maximum (max), ist 3. erfüllt. Es handelt sich also wirklich um eine Norm.

Wenn sich also in Zukunft (z. B. in einer Klausur) eine Abbildung darum bewirbt, eine Norm zu sein, müssen zur Überprüfung des Kandidaten strikt die Punkte 1.–3. untersucht werden, dann ist die Entscheidung gefallen. Wir haben die Erfahrung gemacht, dass in Klausuren oder bei Aufgaben lange auf die vermeintliche Norm gestarrt wird, ohne dass dies ein Ergebnis liefert. Es hilft also nur das wirkliche Prüfen und Aufschreiben; so schwer ist es meist wirklich nicht.

7.3 Das Skalarprodukt

Mit der Norm haben wir schon einen wichtigen Begriff kennen gelernt, mit dem wir Untersuchungen in normierten Vektorräumen durchführen können. Es gibt noch einen anderen wesentlichen Begriff, der uns einerseits die Winkelmessung ermöglicht, andererseits als eine Art Vorstufe zur Norm betrachtet werden kann. Wir merken uns schon jetzt, dass jedes Skalarprodukt eine Norm induziert (aber nicht umgekehrt). Bei den Skalarprodukten müssen wir unterscheiden, ob wir einen $\mathbb{R}$- oder $\mathbb{C}$-Vektorraum betrachten. Im ersten Fall heißt das Skalarprodukt euklidisch, im zweiten Fall unitär.

Definition **Euklidisches Skalarprodukt**

Sei V ein $\mathbb{R}$-Vektorraum. Eine Abbildung $\langle \cdot, \cdot \rangle : V \times V \to \mathbb{R}$ heißt *(euklidisches) Skalarprodukt*, wenn für alle $\vec{u}, \vec{v}, \vec{w} \in V$ und alle $\lambda \in \mathbb{R}$ gilt:

1. $\langle \vec{u}, \vec{v} + \vec{w} \rangle = \langle \vec{u}, \vec{v} \rangle + \langle \vec{u}, \vec{w} \rangle$

2. $\langle \vec{v}, \vec{w} \rangle = \langle \vec{w}, \vec{v} \rangle$

3. $\langle \vec{v}, \vec{v} \rangle \geq 0$ und $\langle \vec{v}, \vec{v} \rangle = 0 \Leftrightarrow \vec{v} = \vec{0}$

4. $\langle \vec{v}, \lambda \vec{w} \rangle = \lambda \langle \vec{v}, \vec{w} \rangle$

Ein Paar $(V, \langle \cdot, \cdot \rangle)$, bestehend aus einem $\mathbb{R}$-Vektorraum und einem euklidischen Skalarprodukt, heißt *euklidischer Vektorraum*.

▶ Beispiel

Betrachte Vektoren $\vec{x}, \vec{y} \in \mathbb{R}^n$.

$$\langle \vec{x}, \vec{y} \rangle := x_1 y_1 + \ldots + x_n y_n$$

heißt *Standardskalarprodukt*. Die Eigenschaften sind schnell geprüft:

1. $\langle \vec{u}, \vec{v} + \vec{w} \rangle = u_1(v_1 + w_1) + \ldots + u_n(v_n + w_n)$
   $= u_1 v_1 + u_1 w_1 + \ldots + u_n v_n + u_n w_n = u_1 v_1 + \ldots + u_n v_n + u_1 w_1 + \ldots + u_n w_n$
   $= \langle \vec{u}, \vec{v} \rangle + \langle \vec{u}, \vec{w} \rangle$

2. Die Gültigkeit ergibt sich aus der Tatsache, dass

   $$v_1 w_1 + \ldots + v_n w_n = w_1 v_1 + \ldots + w_n v_n$$

   ist.

3. Es gilt $\langle \vec{v}, \vec{v} \rangle = v_1^2 + \ldots + v_n^2$, wodurch auch dieser Punkt klar ist.

4. Hier hilft, wie immer bei der Überprüfung der Eigenschaften von Skalarprodukten, das Ausschreiben:

   $$\langle \vec{v}, \lambda \vec{w} \rangle = v_1 \lambda w_1 + \ldots + v_n \lambda w_n = \lambda(v_1 w_1 + \ldots + v_n w_n) = \lambda \langle \vec{v}, \vec{w} \rangle \,.$$

Bemerkung $\langle \vec{x}, \vec{x} \rangle = x_1^2 + \ldots + x_n^2$, also $\|\vec{x}\| = \langle \vec{x}, \vec{x} \rangle^{\frac{1}{2}}$. Die Standardnorm wird also vom Standardskalarprodukt induziert.   ■

Wie das Skalarprodukt im Komplexen aussieht, sehen wir in der folgenden Definition. Die Unterschiede zum euklidischen Fall sind nicht groß. Es ist interessant zu sehen, was beim Einsetzen ausschließlich reeller Größen in das unitäre Skalarprodukt passiert (wobei der letzte Satz als Aufforderung zu verstehen ist, dies auch wirklich selbst zu machen).

Definition   Unitäres Skalarprodukt

Sei V ein $\mathbb{C}$-Vektorraum. $\langle \cdot, \cdot \rangle \colon V \times V \to \mathbb{C}$ heißt *(unitäres) Skalarprodukt*, wenn für alle $\vec{v}, \vec{w}, \vec{w}_1, \vec{w}_2 \in V$ und alle $\lambda \in \mathbb{C}$ die Punkte 1., 3. und 4. wie zuvor in der Definition gelten, jedoch statt 2. gilt:

$$2.' \quad \langle \vec{v}, \vec{w} \rangle = \overline{\langle \vec{w}, \vec{v} \rangle} \,.$$

Ein Paar $(V, \langle \cdot, \cdot \rangle)$, bestehend aus einem $\mathbb{C}$-Vektorraum und einem unitären Skalarprodukt, heißt *unitärer Vektorraum*.

Bemerkung $\quad \langle \lambda \vec{v}, \vec{w} \rangle = \overline{\langle \vec{w}, \lambda \vec{v} \rangle} = \overline{\lambda} \, \overline{\langle \vec{w}, \vec{v} \rangle} = \overline{\lambda} \langle \vec{v}, \vec{w} \rangle.$ ∎

Wir hatten bereits zuvor bemerkt, dass sich aus jedem Skalarprodukt eine Norm basteln lässt. Dies geschieht (im euklidischen und unitären Fall) über folgende Gleichung:

$$\|\vec{x}\| := \sqrt{\langle \vec{x}, \vec{x} \rangle} \, .$$

Wenn wir die Definitionen von Skalarprodukt und Norm nochmals genau betrachten, erkennen wir schnell, dass das Skalarprodukt gerade dazu geschaffen scheint, zu einer Norm zu führen. Beachten Sie hierzu nochmals gesondert die Punkte 3. und 4. in der Definition des Skalarproduktes. Verwendung findet beim Nachweis auch die *Cauchy-Schwarzsche-Ungleichung*, die wir allerdings nicht beweisen wollen:

$$|\langle \vec{v}, \vec{w} \rangle| \leq \|\vec{v}\| \|\vec{w}\|$$

Aus dieser Ungleichung folgt für $\vec{v}, \vec{w} \in \mathbb{R}^n$:

$$-1 \leq \frac{\langle \vec{v}, \vec{w} \rangle}{\|\vec{v}\| \|\vec{w}\|} \leq 1$$

und daraus

$$\langle \vec{v}, \vec{w} \rangle = \|\vec{v}\| \|\vec{w}\| \cos \angle (\vec{v}, \vec{w}) \, .$$

Der in den Kosinus eingesetzte Winkel ist also der zwischen den Vektoren $\vec{v}$ und $\vec{w}$. Die letzte Gleichung können wir nun nach dem Term mit dem Kosinus umstellen. Dann muss von beiden Seiten nur noch der Arcuskosinus genommen werden und es ergibt sich der Winkel; wir hatten ja am Anfang und in der Überschrift versprochen, dass wir hier das Berechnen von Winkeln und Längen lernen.

Bemerkung $\quad$ Anstatt $\langle \vec{v}, \vec{w} \rangle$ wird auch häufig die Schreibweise $\vec{v} \cdot \vec{w}$ verwendet. Einige Autoren lassen sogar den Punkt weg, was wir aber für etwas zu locker halten. Am Ende bleibt es Geschmackssache. Allerdings muss klar sein, was gemeint ist. ∎

7.4 Orthonormalisierung nach Schmidt

Betrachten Sie bitte Daumen, Zeige- und Mittelfinger Ihrer rechten oder linken Hand. Diese drei Finger lassen sich so halten, dass zwischen ihnen ein Winkel von 90 Grad ist. Dies ist eine einfache Visualisierung eines kartesischen Koordinatensystems, in welchem wir gewöhnlich denken, wenn wir z. B. Punkte im Raum darstellen möchten. Die Festlegung der Achsenbezeichnungen in den Abbildungen ist allerdings willkürlich.

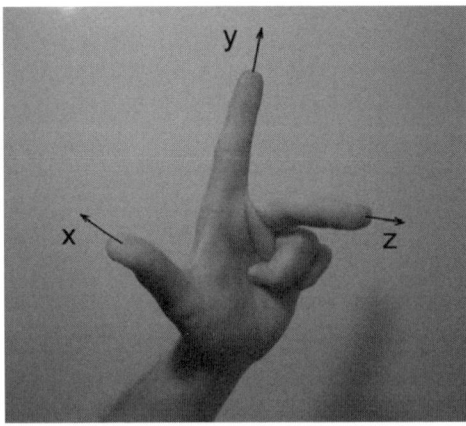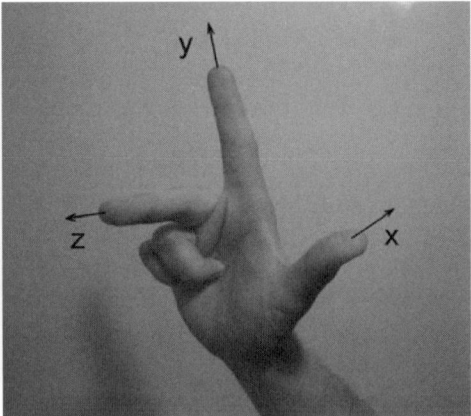

Alle anderen Koordinatensysteme – d. h. solche, bei denen die Achsen keine rechten Winkel miteinander einschließen – scheinen uns irgendwie schief zu sein. Selbst durch die optischen Eindrücke des täglichen Lebens sind wir ein wenig auf rechte Winkel geeicht. Es ist leicht nachzurechnen, dass die zuvor behandelten Vektoren der Standardbasis des $\mathbb{R}^3$, nämlich $\vec{e}_1$, $\vec{e}_2$ und $\vec{e}_3$, paarweise jeweils einen rechten Winkel einschließen. Sie bilden ja auch das Grundgerüst für ein kartesisches Koordinatensystem. Wir stellen hiermit fest, dass wir am liebsten an rechte Winkel denken, insbesondere, wenn wir Messungen vornehmen wollen und dafür ein einfaches Bezugssystem verwenden. Häufig richten sich Vektoren allerdings nicht nach unseren Wünschen und stehen in unschönen (nicht rechten) Winkeln zueinander, was es zu beheben gilt. Dabei denkt der Mathematiker nicht nur an Vorteile beim Zeichnen, es steckt viel mehr dahinter. So sind nicht nur die Geometer ganz verrückt danach, sich an jedem Punkt ein Koordinatensystem zu denken, dessen Achsen rechtwinklig (*orthogonal*) zueinander sind. Wenn wir nun an unsere Standardbasis im $\mathbb{R}^3$ denken, so haben diese drei Vektoren noch eine schöne Eigenschaft: Sie haben alle die Norm (Länge) 1 bezüglich der Standardnorm, wie sich sofort nachrechnen lässt. Das ist noch luxuriöser, als einfach nur orthogonal zu sein. Wir sprechen dann von *orthonormal*, denn die Vektoren sind orthogonal und normiert. Zum Normieren muss ein Vektor durch seine Norm geteilt werden, wir sehen später mehr dazu. Nachdem wir Ihnen nun hoffentlich ausreichend erläutert haben, dass orthonormale Vektoren besonders schön sind, wollen Sie sicher auch wissen, ob nun auch beliebige Vektoren – und dazu braucht es wahrscheinlich etwas Gewalt – *orthonormiert* werden können. Wir können Sie beruhigen, denn dies macht das Orthonormalisierungsverfahren von Schmidt (manchmal auch nach Gram und Schmidt benannt). Vor dem eigentlichen Verfahren benötigen wir allerdings noch etwas Theorie, durch die das zuvor Gesagte exakter wird.

> **Definition** **Orthonormalbasis, Orthogonalbasis**
>
> Sei V ein $\mathbb{K}$-Vektorraum mit einer Basis $\{\vec{b}_1, \ldots, \vec{b}_n\}$. Diese heißt *Orthonormalbasis (ONB)*, wenn gilt:
>
> $$\langle \vec{b}_i, \vec{b}_j \rangle = \delta_{ij} := \begin{cases} 1 & \text{falls } i = j \\ 0 & \text{falls } i \neq j. \end{cases}$$

Das hier verwendete Symbol δ_{ij} heißt Kronecker-Symbol, benannt nach dem deutschen Mathematiker (1823–1891). Wir werden es hier nicht weiter verwenden. Da es sich allerdings einer großen Beliebtheit unter Mathematikern erfreut (es wurde ihm sogar eine Internetseite gewidmet), sollte es hier seinen Auftritt haben.

Bemerkung   Sind die $\vec{b}_i$ orthogonal zueinander, aber so, dass nicht alle die Länge 1 haben, liegt eine *Orthogonalbasis* vor.

Es galt (und gilt noch immer)
$$\langle \vec{v}, \vec{w} \rangle = \|\vec{v}\| \|\vec{w}\| \cos \angle(\vec{v}, \vec{w}).$$
Daher: $\vec{v} \perp \vec{w} \Leftrightarrow \langle \vec{v}, \vec{w} \rangle = 0$. Der Nullvektor $\vec{0}$ ist zu allen Vektoren orthogonal.   ∎

> ▶ **Beispiel**
>
> $$\left\langle \begin{pmatrix} 1 \\ 0 \end{pmatrix}, \begin{pmatrix} 0 \\ 1 \end{pmatrix} \right\rangle = 1 \cdot 0 + 0 \cdot 1 = 0$$
>
> und
>
> $$\left\| \begin{pmatrix} 1 \\ 0 \end{pmatrix} \right\| \cdot \left\| \begin{pmatrix} 0 \\ 1 \end{pmatrix} \right\| \cdot \cos \frac{\pi}{2} = 1 \cdot 1 \cdot 0 = 0.$$

7.4.1 Das Verfahren

Seien die linear unabhängigen Vektoren $\vec{v}_1, \ldots, \vec{v}_n$ gegeben.

■ Der erste Vektor $\vec{v}_1$ wird lediglich normiert:

$$\vec{u}_1 := \frac{\vec{v}_1}{\|\vec{v}_1\|}.$$

- Der zweite Vektor $\vec{v}_2$ wird bzgl. des ersten orthogonalisiert, also

$$\vec{u}_2^* := \vec{v}_2 - \langle \vec{v}_2, \vec{u}_1 \rangle \vec{u}_1$$

und wiederum normiert:

$$\vec{u}_2 := \frac{\vec{u}_2^*}{\|\vec{u}_2^*\|}.$$

- Für die nächsten Schritte verallgemeinern wir den vorigen Punkt lediglich: Seien dazu $\vec{u}_1, \ldots, \vec{u}_l$ bereits konstruiert, so wird der nächste Vektor $\vec{v}_{l+1}$ zu den bisher konstruierten orthogonalisiert:

$$\vec{u}_{l+1}^* := \vec{v}_{l+1} - \sum_{j=1}^{l} \langle \vec{v}_{l+1}, \vec{u}_j \rangle \vec{u}_j$$

und wiederum normiert:

$$\vec{u}_{l+1} := \frac{\vec{u}_{l+1}^*}{\|\vec{u}_{l+1}^*\|}.$$

Wir wollen nun kurz zeigen, welche Idee hinter diesem Verfahren steckt: Für einen Vektor $\vec{w}$ mit $\|\vec{w}\| = 1$ gilt

$$\vec{x} - \langle \vec{x}, \vec{w} \rangle \vec{w} \perp \vec{w} \quad \text{für alle} \quad \vec{x} \in V,$$

denn

$$
\begin{aligned}
\langle \vec{x} - \langle \vec{x}, \vec{w} \rangle \vec{w}, \vec{w} \rangle &= \langle \vec{x}, \vec{w} \rangle - \langle \langle \vec{x}, \vec{w} \rangle \vec{w}, \vec{w} \rangle \\
&= \langle \vec{x}, \vec{w} \rangle - \langle \vec{x}, \vec{w} \rangle \langle \vec{w}, \vec{w} \rangle \\
&= \langle \vec{x}, \vec{w} \rangle - \langle \vec{x}, \vec{w} \rangle \underbrace{\|\vec{w}\|}_{=1} = 0.
\end{aligned}
$$

Einen anderen Weg zur Erleuchtung bietet (hoffentlich) die folgende Skizze:

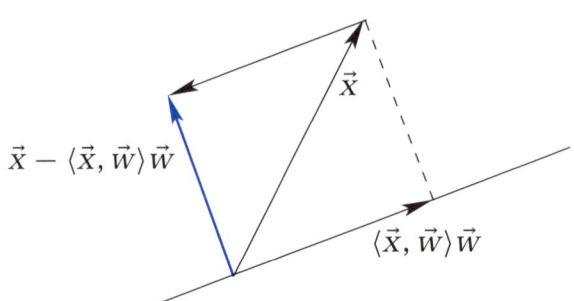

Das in der Skizze eingezeichnete Geradenstück wird von $\vec{w}$ aufgespannt. Aus der Kosinusformel

$$\langle \vec{x}, \vec{w} \rangle = \|\vec{x}\| \|\vec{w}\| \cos \angle(\vec{x}, \vec{w})$$
$$= \|\vec{x}\| \cos \angle(\vec{x}, \vec{w})$$

ist ersichtlich, dass der auf dem Geradenstück eingezeichnete Vektor durch $\langle \vec{x}, \vec{w} \rangle \vec{w}$ gegeben ist. Somit wird bei der Orthogonalisierung von $\vec{x}$ bzgl. $\vec{w}$ der Anteil von $\vec{x}$, welcher in Richtung von $\vec{w}$ zeigt, gerade subtrahiert (also $\vec{x} - \langle \vec{x}, \vec{w} \rangle \vec{w}$). Übrig bleibt der senkrecht zu $\vec{w}$ stehende Anteil von $\vec{x}$.

▶ Beispiel

Orthonormalisiere

$$\vec{v}_1 = \begin{pmatrix} 1 \\ 0 \end{pmatrix}, \quad \vec{v}_2 = \begin{pmatrix} 1 \\ 1 \end{pmatrix}.$$

Wir wollen nicht behaupten, dass dieses Beispiel schwierig ist. Schön daran ist allerdings, dass wir schon hier erahnen können, was das Ergebnis sein muss, damit wir Vertrauen in das Orthonormalisierungsverfahren von Schmidt fassen können. Mehr Aufwand wird in den Übungsaufgaben zu betreiben sein. Wenden wir nun aber zuerst hier an, was zuvor gelernt wurde:

■ $\vec{u}_1 = \dfrac{\vec{v}_1}{\|\vec{v}_1\|} = \dfrac{\vec{v}_1}{1} = \begin{pmatrix} 1 \\ 0 \end{pmatrix}$.

■ Nun erfolgt die Orthogonalisierung

$$\vec{u}_2^* = \vec{v}_2 - \langle \vec{v}_2, \vec{u}_1 \rangle \vec{u}_1$$

$$= \begin{pmatrix} 1 \\ 1 \end{pmatrix} - \left\langle \begin{pmatrix} 1 \\ 1 \end{pmatrix}, \begin{pmatrix} 1 \\ 0 \end{pmatrix} \right\rangle \begin{pmatrix} 1 \\ 0 \end{pmatrix} = \begin{pmatrix} 1 \\ 1 \end{pmatrix} - 1 \cdot \begin{pmatrix} 1 \\ 0 \end{pmatrix} = \begin{pmatrix} 0 \\ 1 \end{pmatrix}$$

und schließlich das Normalisieren

$$\vec{u}_2 = \frac{\vec{u}_2^*}{\|\vec{u}_2^*\|} = \begin{pmatrix} 0 \\ 1 \end{pmatrix}.$$

Das ist nun wirklich das, was zu erwarten war!

7.5 Aufgaben

1 (a) Normalisieren Sie die folgenden Vektoren:

$$\vec{v}_1 = \begin{pmatrix} 2 \\ 2 \\ 1 \end{pmatrix}, \qquad \vec{v}_2 = \begin{pmatrix} 1 \\ 0 \\ 1 \end{pmatrix}, \qquad \vec{v}_3 = \begin{pmatrix} -1 \\ 0 \\ 1 \end{pmatrix}.$$

(b) Berechnen Sie den Winkel zwischen den Vektoren

$$\vec{v} = \begin{pmatrix} 2 \\ -1 \\ 1 \end{pmatrix} \quad \text{und} \quad \vec{w} = \begin{pmatrix} 1 \\ -1 \\ 0 \end{pmatrix}.$$

2 Orthonormalisieren Sie die Vektoren $\vec{v}_1 = \begin{pmatrix} 0 \\ 1 \\ 1 \end{pmatrix}$, $\vec{v}_2 = \begin{pmatrix} -1 \\ 2 \\ 0 \end{pmatrix}$, $\vec{v}_3 = \begin{pmatrix} 3 \\ 1 \\ 1 \end{pmatrix}$.

3 Überprüfen Sie, dass

$$\left\{ \vec{b}_1 = \frac{1}{\sqrt{3}} \begin{pmatrix} 1 \\ -1 \\ 1 \end{pmatrix}, \ \vec{b}_2 = \frac{1}{\sqrt{2}} \begin{pmatrix} 1 \\ 1 \\ 0 \end{pmatrix}, \ \vec{b}_3 = \frac{1}{\sqrt{6}} \begin{pmatrix} 1 \\ -1 \\ -2 \end{pmatrix} \right\}$$

eine Orthonormalbasis des $\mathbb{R}^3$ ist und berechnen Sie die Koeffizienten des Vektors $\vec{v} = \begin{pmatrix} 2 \\ 2 \\ 2 \end{pmatrix}$ als Linearkombination der Basisvektoren.

4 (a) Die so genannte *Betragssummennorm* für Vektoren $\vec{v} \in \mathbb{R}^n$ ist definiert durch

$$\|\vec{v}\|_1 := \sum_{k=0}^{n} |v_k|.$$

Prüfen Sie dafür die Normeigenschaften.

(b) Auf dem Vektorraum der stetigen Funktionen $f\colon [0,1] \to \mathbb{R}$ ist das Standardskalarprodukt definiert durch

$$\langle f, g \rangle := \int_0^1 f(x)g(x)\, dx.$$

Prüfen Sie, ob es sich hierbei wirklich um ein Skalarprodukt handelt.

5 Für das Volumen eines Parallelepipeds, aufgespannt von den Vektoren

$$\vec{u} = \begin{pmatrix} u_1 \\ u_2 \\ u_3 \end{pmatrix} , \qquad \vec{v} = \begin{pmatrix} v_1 \\ v_2 \\ v_3 \end{pmatrix} , \qquad \vec{w} = \begin{pmatrix} w_1 \\ w_2 \\ w_3 \end{pmatrix} \in \mathbb{R}^3 ,$$

kennen wir bereits die Formel

$$V(\vec{u}, \vec{v}, \vec{w}) = \det(\vec{u}, \vec{v}, \vec{w}) .$$

Zeigen Sie, dass das Volumen außerdem mittels

$$V(\vec{u}, \vec{v}, \vec{w}) = \langle \vec{u}, (\vec{v} \times \vec{w}) \rangle$$

berechnet werden kann.

7.6 Lösungen

1 (a) Zur Normalisierung eines Vektors müssen wir diesen lediglich durch seine Norm teilen.

$$\|\vec{v}_1\| = \left\| \begin{pmatrix} 2 \\ 1 \end{pmatrix} \right\| = \sqrt{2^2 + 1^2} = \sqrt{5} \qquad , \qquad \frac{\vec{v}_1}{\|\vec{v}_1\|} = \frac{1}{\sqrt{5}} \begin{pmatrix} 2 \\ 1 \end{pmatrix}$$

$$\|\vec{v}_2\| = \left\| \begin{pmatrix} 1 \\ 0 \\ 1 \end{pmatrix} \right\| = \sqrt{1^2 + 0^2 + 1^2} = \sqrt{2} \quad , \quad \frac{\vec{v}_2}{\|\vec{v}_2\|} = \frac{1}{\sqrt{2}} \begin{pmatrix} 1 \\ 0 \\ 1 \end{pmatrix}$$

$$\|\vec{v}_3\| = \left\| \begin{pmatrix} -1 \\ 0 \\ 1 \end{pmatrix} \right\| = \sqrt{2} \qquad , \qquad \frac{\vec{v}_3}{\|\vec{v}_3\|} = \frac{1}{\sqrt{2}} \begin{pmatrix} -1 \\ 0 \\ 1 \end{pmatrix} .$$

(b) Wir verwenden die Kosinusformel zur Winkelbestimmung.

$$\cos \alpha = \frac{\langle \vec{v}, \vec{w} \rangle}{\|\vec{v}\| \cdot \|\vec{w}\|} = \frac{3}{\sqrt{6}\sqrt{2}} = \frac{\sqrt{3}}{2} .$$

Somit ist der Winkel

$$\alpha = 30° .$$

2 Zunächst wird der erste Vektor normiert:

$$\vec{u}_1 = \frac{\vec{v}_1}{\|\vec{v}_1\|} = \frac{1}{\sqrt{2}} \begin{pmatrix} 0 \\ 1 \\ 1 \end{pmatrix} .$$

Der zweite Vektor ergibt sich nach Schmidt, indem wir $\vec{v}_2$ in die Ebene senkrecht zu $\vec{u}_1$ projizieren:

$$\vec{u}_2' = \vec{v}_2 - \langle \vec{v}_2, \vec{u}_1 \rangle \vec{u}_1 = \begin{pmatrix} -1 \\ 2 \\ 0 \end{pmatrix} - \frac{2}{\sqrt{2}} \frac{1}{\sqrt{2}} \begin{pmatrix} 0 \\ 1 \\ 1 \end{pmatrix} = \begin{pmatrix} -1 \\ 1 \\ -1 \end{pmatrix}$$

und anschließend normieren:

$$\vec{u}_2 = \frac{\vec{v}_2}{\|\vec{v}_2\|} = \frac{1}{\sqrt{3}} \begin{pmatrix} -1 \\ 1 \\ -1 \end{pmatrix}.$$

$\vec{v}_3$ muss senkrecht zu $\vec{u}_1$ und $\vec{u}_2$ projiziert werden:

$$\vec{u}_3' = \vec{v}_3 - \langle \vec{v}_3, \vec{u}_1 \rangle \vec{u}_1 - \langle \vec{v}_3, \vec{u}_2 \rangle \vec{u}_2$$

$$= \begin{pmatrix} 3 \\ 1 \\ 1 \end{pmatrix} - \frac{2}{\sqrt{2}} \frac{1}{\sqrt{2}} \begin{pmatrix} 0 \\ 1 \\ 1 \end{pmatrix} - \frac{-3}{\sqrt{3}} \frac{1}{\sqrt{3}} \begin{pmatrix} -1 \\ 1 \\ -1 \end{pmatrix} = \begin{pmatrix} 2 \\ 1 \\ -1 \end{pmatrix}$$

und wiederum normiert werden:

$$\vec{u}_3 = \frac{\vec{v}_3}{\|\vec{v}_3\|} = \frac{1}{\sqrt{6}} \begin{pmatrix} 2 \\ 1 \\ -1 \end{pmatrix}.$$

Insgesamt bildet

$$\left\{ \frac{1}{\sqrt{2}} \begin{pmatrix} 0 \\ 1 \\ 1 \end{pmatrix}, \frac{1}{\sqrt{3}} \begin{pmatrix} -1 \\ 1 \\ -1 \end{pmatrix}, \frac{1}{\sqrt{6}} \begin{pmatrix} 2 \\ 1 \\ -1 \end{pmatrix} \right\}$$

eine Orthonormalbasis.

3   Um eine Basis als Orthonormalbasis zu identifizieren, müssen wir zeigen, dass die Vektoren die Länge 1 haben und paarweise senkrecht zueinander sind. Aus letzterem ergibt sich automatisch die lineare Unabhängigkeit der Vektoren und drei linear unabhängige Vektoren des $\mathbb{R}^3$ bilden stets eine Basis dieses Vektorraumes. Die Längen- bzw. Normberechnung war bereits Gegenstand von Aufgabe 1 und soll hier nicht nochmals ausgeführt werden. Auch sollte offensichtlich sein, dass die Skalarprodukte $\langle \vec{b}_1, \vec{b}_2 \rangle$, $\langle \vec{b}_1, \vec{b}_3 \rangle$, $\langle \vec{b}_2, \vec{b}_3 \rangle$ jeweils Null sind, was die rechten Winkel zwischen den Vektoren beweist.

Nun können wir sehr einfach den Vektor $\vec{v}$ als Linearkombination der $\vec{b}_i$ schreiben, denn die Koeffizienten ergeben sich durch $\langle \vec{v}, \vec{b}_i \rangle$:

$$\vec{v} = \langle \vec{v}, \vec{b}_1 \rangle \vec{b}_1 + \langle \vec{v}, \vec{b}_2 \rangle \vec{b}_2 + \langle \vec{v}, \vec{b}_3 \rangle \vec{b}_3 = \frac{2}{\sqrt{3}} \, \vec{b}_1 + \frac{4}{\sqrt{2}} \, \vec{b}_2 + \frac{-4}{\sqrt{6}} \, \vec{b}_3 \; .$$

4 (a) Wir prüfen die drei Normeigenschaften für $\|\vec{v}\|_1 := \sum_{k=0}^{n} |v_k|$ nach. $\|\vec{v}|_1 \geq 0$ ist für alle $\vec{v} \in \mathbb{R}^n$ erfüllt, da durch die Beträge nur nicht-negative Zahlen addiert werden. Sobald auch nur eine Komponente von $\vec{v}$ ungleich Null ist, steht in der Summe ein positiver Summand; somit ist $\|\vec{v}\|_1 = 0 \Leftrightarrow \vec{v} = \vec{0}$ erfüllt.

Die Dreiecksungleichung überträgt sich von der Dreiecksungleichung für den Betrag:

$$\|\vec{v} + \vec{w}\|_1 = \sum_{k=0}^{n} |v_k + w_k| \leq \sum_{k=0}^{n} (|v_k| + |w_k|)$$

$$= \sum_{k=0}^{n} |v_k| + \sum_{k=0}^{n} |w_k| = \|\vec{v}\|_1 + \|\vec{w}\|_1 \; .$$

Und schließlich gilt für alle $\alpha \in \mathbb{R}$ und alle $\vec{v} \in V$

$$\|\alpha \vec{v}\|_1 = \sum_{k=0}^{n} |\alpha v_k| = \sum_{k=0}^{n} |\alpha| |v_k| = |\alpha| \|\vec{v}\|_1 \; .$$

(b) Nun müssen wir für $\langle f, g \rangle := \int_0^1 f(x) g(x) \, dx$ die Skalarprodukteigen-schaften nachweisen.

$$\langle f, g + h \rangle = \int_0^1 f(x)(g+h)(x) \, dx = \int_0^1 (f(x)g(x) + f(x)h(x)) \, dx$$

$$= \int_0^1 f(x)g(x) \, dx + \int_0^1 f(x)h(x) \, dx = \langle f, g \rangle + \langle f, h \rangle$$

$$\langle f, g \rangle = \int_0^1 f(x)g(x) \, dx = \int_0^1 g(x)f(x) \, dx = \langle g, f \rangle$$

$$\langle f, f \rangle = \int_0^1 (f(x))^2 \, dx \geq 0$$

$$\langle f, \lambda g \rangle = \int_0^1 f(x)\lambda g(x) \, dx = \lambda \int_0^1 f(x)g(x) \, dx = \lambda \langle f, g \rangle$$

Soweit, so gut. Das größte Problem – und das ist häufig der Fall – bereitet die Eigenschaft $\langle f, f \rangle = 0 \Leftrightarrow f = 0$, also

$$\int_0^1 (f(x))^2 \, dx = 0 \quad \Leftrightarrow \quad f(x) = 0 \text{ für alle } x \in [0, 1] \; .$$

Könnte es nicht eine Funktion ungleich der Nullfunktion geben, deren Abweichungen von Null so gering sind, dass sie keine Auswirkung bei der Integration haben? Solche Funktionen gibt es in der Tat, beispielsweise ist für $f \colon [0,1] \to \mathbb{R}$ mit $f(0) = 1$ und $f(x) = 0$ für $x > 0$ das obige Integral Null. Wir haben uns aber in der Aufgabenstellung auf *stetige* Funktionen eingeschränkt und für solche funktioniert dieser Trick nicht. Ein „Ausreißer" wie $f(0) = 1$ bedeutet nämlich bei stetigen Funktionen, dass die Funktion in einer ganzen Umgebung um den Urbildpunkt – hier 0 – ähnliche Werte annimmt wie beim Urbildpunkt selbst und damit, sei diese Umgebung auch noch so klein, wird das Integral in jedem Fall ein positives Ergebnis liefern, es sei denn, f ist wirklich überall Null.

5   Bei dieser Aufgabe müssen wir lediglich die Gleichheit

$$\det(\vec{u}, \vec{v}, \vec{w}) = \langle \vec{u}, (\vec{v} \times \vec{w}) \rangle$$

nachweisen. Die rechte Seite ist

$$\langle \vec{u}, (\vec{v} \times \vec{w}) \rangle = \left\langle \begin{pmatrix} u_1 \\ u_2 \\ u_3 \end{pmatrix}, \begin{pmatrix} v_2 w_3 - v_3 w_2 \\ v_3 w_1 - v_1 w_3 \\ v_1 w_2 - v_2 w_1 \end{pmatrix} \right\rangle$$
$$= u_1(v_2 w_3 - v_3 w_2) + u_2(v_3 w_1 - v_1 w_3) + u_3(v_1 w_2 - v_2 w_1)$$

und die linke Seite nach Sarrus

$$\det(\vec{u}, \vec{v}, \vec{w}) = \begin{vmatrix} u_1 & v_1 & w_1 \\ u_2 & v_2 & w_2 \\ u_3 & v_3 & w_3 \end{vmatrix}$$
$$= u_1 v_2 w_3 + u_3 v_1 w_2 + u_2 v_3 w_1 - u_3 v_2 w_1 - u_1 v_3 w_2 - u_2 v_1 w_3 \,.$$

Nun ist zu sehen, dass beide Seiten gleich sind.

Basiswechsel und darstellende Matrizen

8

ÜBERBLICK

8.1   Motivation

Wir haben gelernt, dass ein Vektor stets bezüglich einer Basis dargestellt wird, er wird also aus den Basiselementen linear kombiniert. Häufig verwendeten wir dafür im $\mathbb{R}^n$ die Standardbasis. Ihre Elemente sind zueinander orthogonal und haben alle die Länge 1 bezüglich der Standardnorm, sie bilden also eine ONB. Mit ihnen haben wir ein komfortables und einfaches Gründgerüst für ein Koordinatensystem, in welchem dann Skizzen angefertigt und Koordinaten von Vektoren angegeben werden können. Wir können aber nicht immer davon ausgehen, dass diese freundliche Standardbasis für den $\mathbb{R}^n$ gegeben ist, es haben ja auch andere Basen ihre Berechtigung. Ferner ist der $\mathbb{R}^n$ nicht der einzige Vektorraum, den es zu untersuchen gilt. Beim Vektorraum der Polynome z. B. können wir nicht mehr aus der Anschauung heraus sagen, welche Basis denn nun am besten ist, denn wir können uns diese nicht einfach vorstellen. Klar, wir sind in der Lage, nach dem zuvor Gelernten alle möglichen Basen durch das Orthonormalisierungsverfahren von Schmidt zu einer ONB machen, aber das ist teils auch ein gehöriger Aufwand. Beispielsweise muss ein Ingenieur damit rechnen, dass ein Kollege seine Messungen in einem bestimmten Koordinatensystem durchführt, welches ihm am besten gefällt. Wir können seine Ergebnisse nicht ohne weiteres für unsere Rechnungen übernehmen, wenn wir nicht sicher sind, dass er das gleiche Koordinatensystem verwendet. Wir müssen also ohne Informationsverluste die Basis (und damit das Koordinatensystem) wechseln können. Dieses Beispiel ist recht grob gestrickt, beleuchtet aber doch im Kern die Notwendigkeit, nach Belieben die Basen wechseln zu können. Dies macht uns unabhängig vom Diktat einer zuvor fixierten Basis.

Im nächsten Kapitel wird die Forderung nach dem Wechsel zu vermeintlich nicht attraktive Basen besonders deutlich. Es wird sich nämlich herausstellen, dass Matrizen teils dann sehr schön – d. h. hier zu Diagonalmatrizen – werden, wenn wir sie bzgl. der Basis darstellen, die von ihren Eigenvektoren gebildet wird. Das ist im Moment noch Zukunftsmusik, allerdings ein wesentlicher Grund dafür, dass es sich wirklich lohnt, die Basis ab und an zu wechseln. (Fragen Sie sich ruhig, wozu um alles in der Welt nun wieder Diagonalmatrizen nötig sind .... Wir werden eine Antwort im kommenden Kapitel liefern.)

Beim Thema Matrizen haben wir nun gleich wieder einen Grund, uns über die gewählte Basis Gedanken zu machen. Bitte rufen Sie sich ins Gedächtnis, dass wir eine lineare Abbildung bezüglich einer festen Basis stets eindeutig als Matrix darstellen können. Wenn wir die gleiche lineare Abbildung nun aber bezüglich einer anderen Basis darstellen? Dann müssen wir wiederum etwas ändern. Was, lernen wir in diesem Kapitel.

8.2 Koordinatenvektoren

Bevor wir zum Kern der Sache vordringen, starten wir mit einer kurzen Erinnerung. Sei V ein $\mathbb{K}$-Vektorraum, $\dim V = d$, $B = \{\vec{b}_1, ..., \vec{b}_d\}$ eine Basis von V. Dann gilt für alle $\vec{v} \in V$:

$$\vec{v} = \sum_{i=1}^{d} \lambda_i \vec{b}_i$$

mit eindeutig bestimmten $\lambda_i \in \mathbb{K}$. Daher lässt sich V auf $\mathbb{K}^d$ abbilden: Für B wie zuvor heißt

$$K_B \colon V \to \mathbb{K}^d, \quad \vec{v} = \sum_{i=1}^{d} \lambda_i \vec{b}_i \mapsto \begin{pmatrix} \lambda_1 \\ \vdots \\ \lambda_d \end{pmatrix}$$

die *Koordinatenabbildung* von V bzgl. B. Sicher ist dies auf den ersten Blick nicht unbedingt einfach, weshalb wir gleich ein Beispiel zur Verdeutlichung rechnen. Der Vorteil der Koordinatenabbildung sollte aber bereits jetzt klar sein: Jedes Element eines Vektorraumes mit gegebener Basis kann mit der Hilfe dieser Abbildung zu einem einfachen Koordinatenvektor gemacht werden, egal wie kompliziert oder abstrakt der Vektorraum sein mag. Mit dem $\mathbb{K}^d$ befinden wir uns dann in einem recht vertrauten Gebiet.

Wählen wir den $\mathbb{K}$-Vektorraum V jedoch zu $\mathbb{K}^d$ selbst, so funktioniert das Verfahren natürlich auch, aber dann muss besonders exakt darauf geachtet werden, bzgl. welcher Basis ein Vektor dargestellt ist. Weiteres in Abschnitt 8.4.

▶ Beispiel

Sei $A = \begin{pmatrix} 1 & 3 \\ 3 & 2 \end{pmatrix}$. Was ist $K_B(A)$?

Zuerst brauchen wir eine Basis von $M(2 \times 2, \mathbb{R})$, die wir zu

$$B := \left\{ \begin{pmatrix} 1 & 0 \\ 0 & 0 \end{pmatrix}, \begin{pmatrix} 0 & 1 \\ 0 & 0 \end{pmatrix}, \begin{pmatrix} 0 & 0 \\ 1 & 0 \end{pmatrix}, \begin{pmatrix} 0 & 0 \\ 0 & 1 \end{pmatrix} \right\}$$

wählen. Dann ist

$$\begin{pmatrix} 1 & 3 \\ 3 & 2 \end{pmatrix} = \lambda_1 \begin{pmatrix} 1 & 0 \\ 0 & 0 \end{pmatrix} + \lambda_2 \begin{pmatrix} 0 & 1 \\ 0 & 0 \end{pmatrix} + \lambda_3 \begin{pmatrix} 0 & 0 \\ 1 & 0 \end{pmatrix} + \lambda_4 \begin{pmatrix} 0 & 0 \\ 0 & 1 \end{pmatrix}$$

$$\Leftrightarrow \quad \lambda_1 = 1, \quad \lambda_2 = \lambda_3 = 3, \quad \lambda_4 = 2,$$

also

$$K_B(A) = \begin{pmatrix} 1 \\ 3 \\ 3 \\ 2 \end{pmatrix}.$$

Für eine andere Basis

$$B' := \left\{ \begin{pmatrix} 1 & 0 \\ 0 & 1 \end{pmatrix}, \begin{pmatrix} 0 & 1 \\ 0 & 0 \end{pmatrix}, \begin{pmatrix} 0 & 0 \\ 1 & 0 \end{pmatrix}, \begin{pmatrix} 0 & 0 \\ 0 & 1 \end{pmatrix} \right\}$$

ist

$$\begin{pmatrix} 1 & 3 \\ 3 & 2 \end{pmatrix} = \lambda_1 \begin{pmatrix} 1 & 0 \\ 0 & 1 \end{pmatrix} + \lambda_2 \begin{pmatrix} 0 & 1 \\ 0 & 0 \end{pmatrix} + \lambda_3 \begin{pmatrix} 0 & 0 \\ 1 & 0 \end{pmatrix} + \lambda_4 \begin{pmatrix} 0 & 0 \\ 0 & 1 \end{pmatrix}$$
$$\Leftrightarrow \quad \lambda_1 = 1, \quad \lambda_2 = \lambda_3 = 3, \quad \lambda_4 = 1$$

und folglich

$$K_{B'}(A) = \begin{pmatrix} 1 \\ 3 \\ 3 \\ 1 \end{pmatrix} \neq K_B(A).$$

Wir sehen somit deutlich, dass alles von der gewählten Basis abhängt.

8.2.1 Das Geschehen am Diagramm

Im letzten Beispiel sind $K_B(A)$ und $K_{B'}(A)$ Koordinatenvektoren in $\mathbb{K}^d$ (hier $d = 4$), aber verschieden! Nun erhalten wir einen Vektor aus einem anderen, indem wir ihn linear abbilden. In Fall des Beispiels – aber auch allgemein – stellt sich dies wie folgt dar:

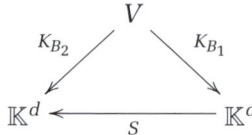

Wir können aus diesem Diagramm ablesen: $K_{B_2} \circ K_{B_1}^{-1} = S$. Bei unserem Beispiel zuvor wäre also $B_1 = B$ und $B_2 = B'$. Wir berechnen hierfür $K_B^{-1} : \mathbb{R}^4 \to M(2 \times 2, \mathbb{R})$ und $K_{B'} : M(2 \times 2, \mathbb{R}) \to \mathbb{R}^4$. Für den Koordinatenvektor $\vec{x}_B \in \mathbb{R}^4$ gilt also

$$K_B^{-1} \vec{x}_B = \begin{pmatrix} a_{11} & a_{12} \\ a_{21} & a_{22} \end{pmatrix},$$

folglich

$$\begin{pmatrix} a_{11} & a_{12} \\ a_{21} & a_{22} \end{pmatrix} = x_1^B \begin{pmatrix} 1 & 0 \\ 0 & 0 \end{pmatrix} + x_2^B \begin{pmatrix} 0 & 1 \\ 0 & 0 \end{pmatrix} + x_3^B \begin{pmatrix} 0 & 0 \\ 1 & 0 \end{pmatrix} + x_4^B \begin{pmatrix} 0 & 0 \\ 0 & 1 \end{pmatrix}$$

$$\Leftrightarrow \quad x_1^B = a_{11}, \quad x_2^B = a_{12}, \quad x_3^B = a_{21}, \quad x_4^B = a_{22}. \tag{8.1}$$

Ferner haben wir $x^{B'} = K_{B'}\left(\begin{pmatrix} a_{11} & a_{12} \\ a_{21} & a_{22} \end{pmatrix} \right)$, folglich

$$\begin{pmatrix} a_{11} & a_{12} \\ a_{21} & a_{22} \end{pmatrix} = x_1^{B'} \begin{pmatrix} 1 & 0 \\ 0 & 1 \end{pmatrix} + x_2^{B'} \begin{pmatrix} 0 & 1 \\ 0 & 0 \end{pmatrix} + x_3^{B'} \begin{pmatrix} 0 & 0 \\ 1 & 0 \end{pmatrix} + x_4^{B'} \begin{pmatrix} 0 & 0 \\ 0 & 1 \end{pmatrix}$$

$$\Leftrightarrow \quad x_1^{B'} = a_{11}, \quad x_2^{B'} = a_{12}, \quad x_3^{B'} = a_{21}, \quad \underbrace{x_1^{B'} + x_4^{B'} = a_{22}}_{\Rightarrow\, x_4^{B'} = a_{22} - a_{11}}. \tag{8.2}$$

Da $S = K_{B'} \circ K_B^{-1}$ gesucht ist, müssen wir nun (8.2) in (8.1) einsetzen, um

$$\vec{x}_{B'} = S \vec{x}_B$$

zu erhalten:

$$x_1^{B'} = x_1^B$$
$$x_2^{B'} = x_2^B$$
$$x_3^{B'} = x_3^B$$
$$x_4^{B'} = x_4^B - x_1^B$$

$$\Leftrightarrow \quad S = \begin{pmatrix} 1 & 0 & 0 & 0 \\ 0 & 1 & 0 & 0 \\ 0 & 0 & 1 & 0 \\ -1 & 0 & 0 & 1 \end{pmatrix}.$$

Wir testen alles nun für unser Beispiel:

$$\begin{pmatrix} 1 \\ 3 \\ 3 \\ 1 \end{pmatrix} = S \begin{pmatrix} 1 \\ 3 \\ 3 \\ 2 \end{pmatrix} = \begin{pmatrix} 1 & 0 & 0 & 0 \\ 0 & 1 & 0 & 0 \\ 0 & 0 & 1 & 0 \\ -1 & 0 & 0 & 1 \end{pmatrix} \begin{pmatrix} 1 \\ 3 \\ 3 \\ 2 \end{pmatrix} = \begin{pmatrix} 1 \\ 3 \\ 3 \\ -1+2 \end{pmatrix}.$$

8.3 Darstellung linearer Abbildungen durch Matrizen

Wir haben bereits im Kapitel über lineare Abbildungen gelernt, wie wir zu einer gegebenen linearen Abbildung die Matrixdarstellung finden. Wir wollen dies hier unter Verwendung der Koordinatenabbildung nochmals beleuchten und definieren, was genau unter der darstellenden Matrix verstanden wird. Dies bringt uns zuerst nichts dramatisch Neues, ist aber ein erster Schritt, wenn wir lineare Abbildungen bzgl. verschiedener Basen darstellen wollen.

> **Definition** **Darstellende Matrix**
>
> Sei $L\colon V \to V$, $\dim V = d$, $B = \{\vec{b}_1, \dots, \vec{b}_d\}$ Basis von V. Dann heißt
>
> $$L_B := K_B \circ L \circ K_B^{-1}$$
>
> die *darstellende Matrix von L bzgl. B*.

Dies fällt nicht vom Himmel, sondern basiert auf dem folgenden einfachen Diagramm, aus dem sich alles ablesen lässt:

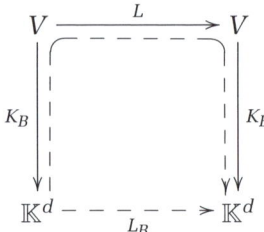

8.4 Matrixtransformation bei einem Basiswechsel

Wir sind in gewisser Weise beim Finale, denn wir sehen auf der Grundlage der bisherigen mühevollen Arbeit gleich, wie der Basiswechsel konkret durchgeführt wird. Wir fassen dazu die Diagramme aus 8.2.1 und 8.3 zusammen und vervollständigen das Ergebnis noch. Wir erhalten:

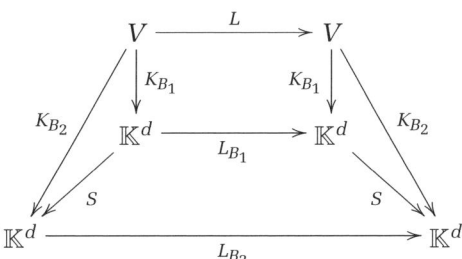

Offensichtlich ist wie zuvor

$$S = K_{B_2} \circ K_{B_1}^{-1} \,,$$

was sich sofort aus dem Diagramm ersehen lässt. Aus dem unteren Teil

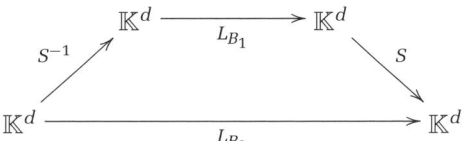

lesen wir ab:

$$L_{B_2} = S \circ L_{B_1} \circ S^{-1} \,.$$

Ist nun eine Matrix X als lineare Abbildung bzgl. einer Basis B_1 gegeben und wollen wir sehen, wie die entsprechende Matrix Y für eine Basis B_2 aussieht, so haben wir

$$Y = SXS^{-1} \,.$$

Die Verknüpfung linearer Abbildungen wird ja gerade durch das Matrixprodukt ausgedrückt.

Wir können nun ohne Probleme die Basis verwenden, die sinnvoll ist oder uns aufgezwungen wird. Damit haben wir das Wesentliche geschafft und auch bereits einiges an Rechnungen zu diesem Thema gesehen. Insbesondere haben wir die Matrix S schon in einem konkreten Fall ermittelt. Alle Zutaten sind vorhanden. Allerdings erscheint der Patient (die letzte Gleichung) noch etwas blutleer. In diesem Zustand wollen wir ihn an dieser Stelle – ohne böse Absicht – belassen, denn schon im nächsten Abschnitt geht es um die bereits versprochene Diagonalisierung, womit wir dann frisches Leben in die zuletzt gesehene Gleichung bringen.

In Ihnen regt sich vielleicht die Frage, warum unsere Abbildung L in den Diagrammen stets von V nach V – jeweils mit der gleichen Basis versehen – geht. Dies muss nicht so sein! Sie kann auch durchaus von V in einen anderen Vektorraum W abbilden. Wir werden daher abschließend das entsprechende Diagramm für den allgemeineren Fall vorstellen. Mit dem bisher Gelernten ist es kein Problem, die entsprechenden Gleichungen für einen Basiswechsel aufzustellen. Sie müssen nur wie zuvor den Abbildungspfeilen folgen.

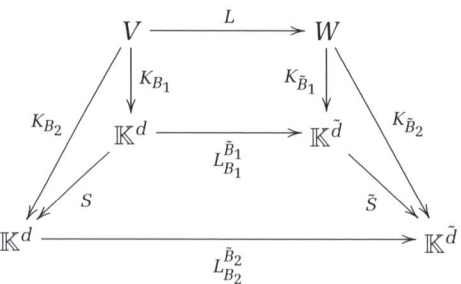

Dabei ist $L_{B_i}^{\tilde{B}_i}$ die darstellende Matrix der Abbildung $L\colon V \to W$ für den Fall, dass V die Basis B_i und W die Basis $\tilde{B}_i$ hat. Ferner lesen wir mit Freude und Leichtigkeit ab:

$$L_{B_2}^{\tilde{B}_2} = \tilde{S}\, L_{B_1}^{\tilde{B}_1}\, S^{-1}\,.$$

Nochmals der Hinweis: Ist $V = W = \mathbb{K}^d$, so fällt der obere Diagrammteil zusammen und es muss besonders exakt darauf geachtet werden, bzgl. welcher Basis ein Vektor gegeben ist (vgl. dazu Aufgabe 3).

8.5   Aufgaben

1 Bestimmen Sie jeweils den Koordinatenvektor von

$$p\colon \mathbb{K} \to \mathbb{K}\,, \quad p(x) = 3x^2 - 4x + 2$$

(aufgefasst als Vektor im Vektorraum der Polynome maximal zweiten Grades) bezüglich der Basis

(a) $B_1 = \{q_1(x) = x^2,\ q_2(x) = x,\ q_3(x) = 1\}$,
(b) $B_2 = \{q_1(x) = (x+1)^2,\ q_2(x) = x,\ q_3(x) = 1\}$,
(c) $B_3 = \{q_1(x) = x^2 + x,\ q_2(x) = x + 1,\ q_3(x) = 1 + x^2\}$.

2 Bestimmen Sie die darstellende Matrix L_{B_i} der linearen Abbildung

$$L\colon \mathbb{R}^2 \to \mathbb{R}^2\,, \quad L(x,y) = \begin{pmatrix} x + 3y \\ 2x - y \end{pmatrix}$$

bezüglich folgender Basen

(a) $B_1 = \left\{ \begin{pmatrix} 1 \\ 0 \end{pmatrix}, \begin{pmatrix} 0 \\ 1 \end{pmatrix} \right\}$ (Standardbasis),

(b) $B_2 = \left\{ \begin{pmatrix} 1 \\ 1 \end{pmatrix}, \begin{pmatrix} 2 \\ 1 \end{pmatrix} \right\}$,

(c) $B_3 = \left\{ \begin{pmatrix} -1 \\ 0 \end{pmatrix}, \begin{pmatrix} 0 \\ 1 \end{pmatrix} \right\}$.

Berechnen Sie weiterhin die Determinanten dieser darstellenden Matrizen.

3 Eine lineare Abbildung L sei gegeben durch ihre darstellende Matrix

$$L_B = \begin{pmatrix} 1 & 2 \\ -2 & 3 \end{pmatrix} \quad \text{bezüglich der Basis } B = \left\{ \begin{pmatrix} 1 \\ 1 \end{pmatrix}, \begin{pmatrix} 1 \\ -1 \end{pmatrix} \right\}.$$

Auf welche Vektoren werden die Standardbasisvektoren $\begin{pmatrix} 1 \\ 0 \end{pmatrix}$ und $\begin{pmatrix} 0 \\ 1 \end{pmatrix}$ durch L abgebildet?
Wie lautet die Abbildungsvorschrift von L?

4 Die Drehung im $\mathbb{R}^3$ um einen Winkel α um die z-Achse ist eine lineare Abbildung. Diese ist gegeben durch die Matrix

$$R = \begin{pmatrix} \cos\alpha & -\sin\alpha & 0 \\ \sin\alpha & \cos\alpha & 0 \\ 0 & 0 & 1 \end{pmatrix} \quad \text{(darstellende Matrix bzgl. der Standardbasis)}.$$

Bestimmen Sie eine Drehung um den gleichen Winkel um die Achse, deren Richtung durch den Vektor $\begin{pmatrix} 1 \\ 1 \\ 1 \end{pmatrix}$ gegeben ist.

8.6 Lösungen

1 Zur Berechnung des Koordinatenvektors müssen wir p als Linearkombination der jeweiligen Basisvektoren darstellen.

(a) In diesem Fall ist die Linearkombination offensichtlich:

$$p(x) = 3 \cdot x^2 + (-4) \cdot x + 2 \cdot 1.$$

Somit ist der Koordinatenvektor $K_{B_1}(p) = \begin{pmatrix} 3 \\ -4 \\ 2 \end{pmatrix}$.

(b) Wir suchen die Darstellung

$$p(x) = 3 \cdot x^2 + (-4) \cdot x + 2 \cdot 1 \overset{!}{=} a \cdot (x+1)^2 + b \cdot x + c \cdot 1$$
$$= a \cdot x^2 + (2a+b) \cdot x + (a+c) \cdot 1 \,.$$

Koeffizientenvergleich ergibt

$$a = 3 \,,$$
$$b = -4 - 2a = -10 \,,$$
$$c = 2 - a = -1 \,,$$

und der Koordinatenvektor lautet $K_{B_2}(p) = \begin{pmatrix} 3 \\ -10 \\ -1 \end{pmatrix}$.

(c) $p(x) = 3 \cdot x^2 + (-4) \cdot x + 2 \cdot 1$

$$\overset{!}{=} a \cdot (x^2 + x) + b \cdot (x+1) + c \cdot (1 + x^2)$$
$$= (a+c) \cdot x^2 + (a+b) \cdot x + (b+c) \cdot 1$$

Koeffizientenvergleich ergibt

$$\begin{array}{ccc} a + c = 3 & & a = -\dfrac{3}{2} \\[2mm] a + b = -4 & \Rightarrow & b = -\dfrac{5}{2} \\[2mm] b + c = 2 & & c = \dfrac{9}{2} \end{array}$$

und der Koordinatenvektor lautet $K_{B_2}(p) = \begin{pmatrix} -1{,}5 \\ -2{,}5 \\ 4{,}5 \end{pmatrix}$.

2 Wir bearbeiten alle drei Fälle gleichzeitig.

Die *erste* Spalte der darstellenden Matrix erhalten wir, indem wir den *ersten* Basisvektor durch L abbilden und das Ergebnis als Koordinatenvektor schreiben:

(a) $L(1, 0) = \begin{pmatrix} 1 \\ 2 \end{pmatrix}$, das entspricht dem Koordinatenvektor $\begin{pmatrix} 1 \\ 2 \end{pmatrix}$;

(b) $L(1, 1) = \begin{pmatrix} 4 \\ 1 \end{pmatrix}$, das entspricht dem Koordinatenvektor $\begin{pmatrix} -2 \\ 3 \end{pmatrix}$;

(c) $L(-1, 0) = \begin{pmatrix} -1 \\ -2 \end{pmatrix}$, das entspricht dem Koordinatenvektor $\begin{pmatrix} 1 \\ -2 \end{pmatrix}$.

Die *zweite* Spalte der darstellenden Matrix erhalten wir, indem wir den *zweiten* Basisvektor durch L abbilden und das Ergebnis als Koordinatenvektor schreiben:

(a) $L(0,1) = \begin{pmatrix} 3 \\ -1 \end{pmatrix}$, das entspricht dem Koordinatenvektor $\begin{pmatrix} 3 \\ -1 \end{pmatrix}$;

(b) $L(2,1) = \begin{pmatrix} 5 \\ 3 \end{pmatrix}$, das entspricht dem Koordinatenvektor $\begin{pmatrix} 1 \\ 2 \end{pmatrix}$;

(c) $L(0,1) = \begin{pmatrix} 3 \\ -1 \end{pmatrix}$, das entspricht dem Koordinatenvektor $\begin{pmatrix} -3 \\ -1 \end{pmatrix}$.

Nun müssen wir nur noch die darstellenden Matrizen aus den jeweiligen Koordinatenvektoren zusammensetzen:

(a) $L_{B_1} = \begin{pmatrix} 1 & 3 \\ 2 & -1 \end{pmatrix}$, mit $\det(L_{B_1}) = -7$;

(b) $L_{B_2} = \begin{pmatrix} -2 & 1 \\ 3 & 2 \end{pmatrix}$, mit $\det(L_{B_2}) = -7$;

(c) $L_{B_3} = \begin{pmatrix} 1 & -3 \\ -2 & -1 \end{pmatrix}$, ebenfalls mit $\det(L_{B_3}) = -7$.

Die Determinante hat in allen drei Fällen den gleichen Wert. Dieses Phänomen lässt sich verallgemeinern: Die Determinante der darstellenden Matrix ist unabhängig von der Wahl der Basis, bezüglich der die darstellende Matrix angegeben wird. Die Determinante ist vielmehr eine Größe der linearen Abbildung selbst.

3 Die Koordinatenvektoren zu $\begin{pmatrix} 1 \\ 0 \end{pmatrix}$ und $\begin{pmatrix} 0 \\ 1 \end{pmatrix}$ bezüglich der Basis B sind $\begin{pmatrix} \frac{1}{2} \\ \frac{1}{2} \end{pmatrix}$ und $\begin{pmatrix} \frac{1}{2} \\ -\frac{1}{2} \end{pmatrix}$. Diese werden durch die darstellende Matrix auf die Koordinatenvektoren

$$\begin{pmatrix} 1 & 2 \\ -2 & 3 \end{pmatrix} \begin{pmatrix} \frac{1}{2} \\ \frac{1}{2} \end{pmatrix} = \begin{pmatrix} \frac{3}{2} \\ \frac{1}{2} \end{pmatrix} \quad \text{und} \quad \begin{pmatrix} 1 & 2 \\ -2 & 3 \end{pmatrix} \begin{pmatrix} \frac{1}{2} \\ -\frac{1}{2} \end{pmatrix} = \begin{pmatrix} -\frac{1}{2} \\ -\frac{5}{2} \end{pmatrix}$$

abgebildet. Daraus erhalten wir schließlich die gesuchten Bildvektoren:

$$\frac{3}{2} \begin{pmatrix} 1 \\ 1 \end{pmatrix} + \frac{1}{2} \begin{pmatrix} 1 \\ -1 \end{pmatrix} = \begin{pmatrix} 2 \\ 1 \end{pmatrix} \quad \text{und} \quad -\frac{1}{2} \begin{pmatrix} 1 \\ 1 \end{pmatrix} - \frac{5}{2} \begin{pmatrix} 1 \\ -1 \end{pmatrix} = \begin{pmatrix} -3 \\ 2 \end{pmatrix}.$$

Zusammengefasst ist

$$L(1,0) = \begin{pmatrix} 2 \\ 1 \end{pmatrix} \quad \text{und} \quad L(0,1) = \begin{pmatrix} -3 \\ 2 \end{pmatrix}$$

und wegen der Linearität von L können wir daraus die gesamte Abbildungsvorschrift ableiten:

$$L(x,y) = x \cdot L(1,0) + y \cdot L(0,1) = x \cdot \begin{pmatrix} 2 \\ 1 \end{pmatrix} + y \cdot \begin{pmatrix} -3 \\ 2 \end{pmatrix} = \begin{pmatrix} 2x - 3y \\ x + 2y \end{pmatrix}.$$

4 Für diese Aufgabe wählen wir uns zunächst ein passendes Koordinatensystem – bzw. eine geeignete Basis –, indem wir das alte Koordinatensystem derart kippen, dass die z-Achse auf die neue Drehachse fällt:

$$B := \left\{ \begin{pmatrix} 1 \\ 1 \\ -1 \end{pmatrix}, \begin{pmatrix} -1 \\ 1 \\ -1 \end{pmatrix}, \begin{pmatrix} 1 \\ 1 \\ 1 \end{pmatrix} \right\}.$$

Die gesuchte Matrix wird recht kompliziert aussehen. Relativ einfach ist dagegen die darstellende Matrix bezüglich der Basis B. Diese hat nämlich die gleiche Gestalt wie die Matrix, welche um die z-Achse dreht, denn $\begin{pmatrix} 0 \\ 0 \\ 1 \end{pmatrix}$ ist der Koordinatenvektor von $\begin{pmatrix} 1 \\ 1 \\ 1 \end{pmatrix}$ bzgl. B. Somit ist $L_B = R$.

Nun müssen wir nur noch die Abbildungsvorschrift von $L_B = R$ bezüglich der Basis B bestimmen. Die analoge Vorgehensweise wie in Aufgabe 3 liefert

$$L(x,y,z) = \frac{1}{2} \begin{pmatrix} 2x\cos\alpha + y(-\cos\alpha - \sin\alpha + 1) + z(-\cos\alpha + \sin\alpha + 1) \\ 2x\sin\alpha + y(\cos\alpha - \sin\alpha + 1) + z(-\cos\alpha - \sin\alpha + 1) \\ -2x\sin\alpha + y(-\cos\alpha + \sin\alpha + 1) + z(\cos\alpha + \sin\alpha + 1) \end{pmatrix}$$

bzw. als Matrix-Vektor-Multiplikation

$$L(x,y,z) = \frac{1}{2} \begin{pmatrix} 2\cos\alpha & -\cos\alpha - \sin\alpha + 1 & -\cos\alpha + \sin\alpha + 1 \\ 2\sin\alpha & \cos\alpha - \sin\alpha + 1 & -\cos\alpha - \sin\alpha + 1 \\ -2\sin\alpha & -\cos\alpha + \sin\alpha + 1 & \cos\alpha + \sin\alpha + 1 \end{pmatrix} \begin{pmatrix} x \\ y \\ z \end{pmatrix}.$$

Eigenwerte, Eigenvektoren und Diagonalisierbarkeit

9

ÜBERBLICK

9.1   Motivation

Neben der Determinante sind Eigenwerte und Eigenvektoren die wichtigsten Charakteristika linearer Abbildungen. Auf Eigenvektoren wirken lineare Abbildungen besonders einfach, nämlich lediglich als Streckung oder Stauchung. Dies macht es uns möglich, eine lineare Abbildung durch die Bestimmung ihrer Eigenwerte und Eigenvektoren sehr einfach zu veranschaulichen.

Entsprechend vereinfacht sich auch die Matrixrepräsentation einer linearen Abbildung, wenn wir eine Basistransformation bezüglich ihrer Eigenvektoren vornehmen. Beispielsweise wird durch die beiden Matrizen

$$A = \begin{pmatrix} 1 & 2 \\ 4 & -1 \end{pmatrix} \quad \text{und} \quad B = \begin{pmatrix} -3 & 0 \\ 0 & 3 \end{pmatrix}$$

die gleiche lineare Abbildung dargestellt, wobei Matrix B bezüglich ihrer Eigenvektoren dargestellt ist. Die genaue Vorgehensweise dieser Transformation werden wir im Abschnitt über Diagonalisierung notieren. Dazu empfehlen wir allerdings, sich die Erkenntnisse aus dem Kapitel über Basiswechsel und darstellende Matrizen wieder ins Gedächtnis zu rufen.

9.2   Grundlagen

Definition   **Eigenwert, Eigenvektor**

Seien V ein $\mathbb{K}$-Vektorraum und $L\colon V \to V$ linear. Eine Zahl $\lambda \in \mathbb{K}$ heißt *Eigenwert (EW)* von L zum *Eigenvektor (EV)* $\vec{v}$, wobei $\vec{v} \neq \vec{0}$ ist, wenn $\vec{v}$ durch L auf das λ-Fache von sich selbst abgebildet wird:

$$L\vec{v} = \lambda\vec{v} \qquad \text{(Eigenwertgleichung)}.$$

Bemerkung   Der Nullvektor wird bei der Eigenvektordefinition ausgenommen, denn er würde obige Eigenwertgleichung für jedes $\lambda \in \mathbb{K}$ erfüllen. Es ist jedoch für die nachfolgende Theorie wichtig, dass jedem Eigenvektor ein eindeutiger Eigenwert zugeordnet werden kann.   ∎

▶ **Beispiel**

Mit $\mathbb{R}_{\leq n}[x]$ wird der $\mathbb{R}$-Vektorraum der reellwertigen Polynome vom maximalen Grad n bezeichnet, also von Funktionen der Form

$$p(x) = a_n x^n + a_{n-1} x^{n-1} + \dots + a_1 x + a_0 , \quad a_0, \dots, a_n \in \mathbb{R} .$$

Die Standardbasis des $\mathbb{R}_{\leq n}[x]$ wird von den Monomen $p_k(x) = x^k$ gebildet. Sei auf diesem Vektorraum eine lineare Abbildung $L: \mathbb{R}_{\leq n}[x] \to \mathbb{R}_{\leq n}[x]$ definiert durch

$$L(p) := x \cdot \frac{dp}{dx} , \quad p \in \mathbb{R}_{\leq n}[x] .$$

Bitte überprüfen Sie kurz die Linearitätseigenschaften sowie die Abgeschlossenheit der Abbildung (d. h, dass jedes Polynom maximal n-ten Grades auf ein Polynom maximal n-ten Grades abgebildet wird). Zur Erinnerung: $\frac{dp}{dx}$ ist lediglich eine andere Schreibweise für p'.

Wir untersuchen nun die Abbildung L auf Eigenvektoren und betrachten dazu die Monome $p_k(x) = x^k$:

$$L(p_k) = x(k x^{k-1}) = k x^k = k p_k .$$

Somit ist p_k Eigenvektor von L zum Eigenwert k. Wie wir später genauer sehen werden, hat die Matrix zu L bezüglich dieser Standardbasis die besonders einfache Gestalt

$$\begin{pmatrix} 1 & 0 & \cdots & 0 \\ 0 & 2 & & \vdots \\ \vdots & & \ddots & 0 \\ 0 & \cdots & 0 & n \end{pmatrix} .$$

Natürlich ist mit $\vec{v}$ auch $\alpha \vec{v}, \alpha \neq 0$, Eigenvektor zum gleichen Eigenwert, denn auch dafür gilt aufgrund der Linearität obige Gleichung

$$L(\alpha \vec{v}) = \alpha L \vec{v} = \alpha \lambda \vec{v} = \lambda(\alpha \vec{v}) .$$

Somit gehört zu einem Eigenwert λ gleich ein ganzer Untervektorraum von Eigenvektoren, der so genannte *Eigenraum* zum Eigenwert λ.

> **Definition**   **Eigenraum**
>
> Sei V ein $\mathbb{K}$-Vektorraum, $L\colon V \to V$ linear und λ Eigenwert von L. Dann heißt
>
> $$V_\lambda := \left\{ \vec{v} \in V \mid L\vec{v} = \lambda\vec{v} \right\} \subset V$$
>
> *Eigenraum* von L zum Eigenwert λ.
>
> Die Dimension $\dim(V_\lambda)$ des Eigenraumes wird als *geometrische Vielfachheit* des Eigenwertes λ bezeichnet.

Wir werden später erneut etwas zur geometrischen Vielfachheit sagen.

Gibt es gar mehrere linear unabhängige Eigenvektoren $\vec{v}_1, \dots, \vec{v}_k$ zum gleichen Eigenwert λ, so sind sämtliche Linearkombinationen dieser Vektoren ebenfalls Eigenvektoren zu λ und der Eigenraum ist gleich dem Spann der $\vec{v}_i$. Anders herum sind Eigenvektoren zu unterschiedlichen Eigenwerten linear unabhängig.

Geometrisch bedeutet die Eigenwertgleichung nichts anderes als eine Streckung bzw. Stauchung von $\vec{v}$ um den Faktor λ. Hat λ ein negatives Vorzeichen, kommt noch eine Richtungsumkehr hinzu. All dies überträgt sich auf den gesamten Eigenraum von λ.

> ▶ **Beispiel**
>
> Sei V ein euklidischer Vektorraum, also ein $\mathbb{R}$-Vektorraum mit Skalarprodukt. Lineare Abbildungen $L\colon V \to V$ mit der Eigenschaft
>
> $$\langle L\vec{v}, L\vec{v} \rangle = \langle \vec{v}, \vec{v} \rangle \quad \text{für alle } \vec{v} \in V$$
>
> werden als so genannte *orthogonale Transformationen* bezeichnet. Definieren wir wie üblich durch das Skalarprodukt eine Norm $\|\vec{v}\|^2 := \langle \vec{v}, \vec{v} \rangle$, so wird aus dieser Eigenschaft die Längenerhaltung
>
> $$\|L\vec{v}\| = \|\vec{v}\| \quad \text{für alle } \vec{v} \in V.$$
>
> Anschaulich erfüllen sowohl Drehungen als auch Spiegelungen diese Bedingung. Die Drehmatrix
>
> $$R = \begin{pmatrix} \cos\phi & \sin\phi & 0 \\ -\sin\phi & \cos\phi & 0 \\ 0 & 0 & 1 \end{pmatrix}$$

als Drehung des $\mathbb{R}^3$ um die z-Achse haben wir bereits in den Aufgaben zum Kapitel über Matrizen kennen gelernt. Wir wollen nun zeigen, dass als Eigenwerte für orthogonale Transformationen nur $\lambda = \pm 1$ in Frage kommen:

Sei λ ein beliebiger Eigenwert einer orthogonalen Transformation L und sei $\vec{v}$ zugehöriger Eigenvektor. Dann ist

$$\langle L\vec{v}, L\vec{v} \rangle = \langle \lambda\vec{v}, \lambda\vec{v} \rangle = \lambda^2 \langle \vec{v}, \vec{v} \rangle \,,$$

also $\lambda^2 = 1$, bzw. $\lambda = \pm 1$.

Bei obiger Drehmatrix R wäre beispielsweise $\vec{v} = \begin{pmatrix} 0 \\ 0 \\ 1 \end{pmatrix}$ Eigenvektor zum Eigenwert $\lambda = +1$. Andere reelle Eigenwerte hat R nicht.

9.3 Berechnung der Eigenwerte

Wir gehen im Folgenden davon aus, dass die zu untersuchende lineare Abbildung durch eine Matrix $A \in M(n \times n, \mathbb{K})$ dargestellt wird. Die Eigenwertgleichung lautet dann

$$A\vec{v} = \lambda\vec{v}$$

und ist ein lineares Gleichungssystem. Mit solchen kennen wir uns bereits bestens aus, ein wenig problematisch ist lediglich der Parameter λ in der Gleichung. Diesen gilt es zunächst zu ermitteln, ehe wir mit dem Gauß-Algorithmus Lösungsvektoren – in diesem Fall also Eigenvektoren – berechnen.

Für welche λ hat die Eigenwertgleichung Lösungen neben dem Nullvektor?

Zur Beantwortung dieser Frage stellen wir die Eigenwertgleichung ein wenig um:

$$A\vec{v} = \lambda\vec{v} \quad \Leftrightarrow \quad A\vec{v} - \lambda\vec{v} = \vec{0} \quad \Leftrightarrow \quad (A - \lambda E)\vec{v} = \vec{0} \,.$$

(Im letzten Schritt musste die Einheitsmatrix E hinzugefügt werden, damit der Term innerhalb der Klammern definiert ist.)

Wir suchen also jene Parameter λ, für welche die Matrix $(A - \lambda E)$ einen Kern hat, der nicht nur aus dem Nullvektor besteht. Dies ist beispielsweise äquivalent zu Rang$(A - \lambda E) < n$ oder auch – und damit können wir weiterarbeiten – zu

$$\det(A - \lambda E) = 0 \,.$$

Der Determinantenterm $P_A(\lambda) := \det(A - \lambda E)$ wird *charakteristisches Polynom* genannt und ergibt ausgerechnet tatsächlich ein Polynom n-ten Grades in λ. Die Nullstellen des charakteristischen Polynoms liefern also die Eigenwerte von A.

▶ **Beispiel**

Sei $A = \begin{pmatrix} 0 & 1 \\ 1 & 0 \end{pmatrix}$. Das charakteristische Polynom von A ist

$$\det(A - \lambda E) = \left| \begin{pmatrix} 0 & 1 \\ 1 & 0 \end{pmatrix} - \begin{pmatrix} \lambda & 0 \\ 0 & \lambda \end{pmatrix} \right| = \begin{vmatrix} -\lambda & 1 \\ 1 & -\lambda \end{vmatrix} = \lambda^2 - 1.$$

Seine Nullstellen, und damit die Eigenwerte von A, sind $\lambda_{1,2} = \pm 1$.

Bemerkung   Koordinatentransformationen haben auf die Eigenwertberechnung keinen Einfluss, denn die charakteristischen Polynome der Matrizen A und $B = SAS^{-1}$ sind gleich

$$\begin{aligned} P_B(\lambda) &= \det(SAS^{-1} - \lambda E) \\ &= \det(SAS^{-1} - \lambda SES^{-1}) \\ &= \det(S(A - \lambda E)S^{-1}) \\ &= \det S \cdot \det(A - \lambda E) \cdot \det S^{-1} \\ &= \det(A - \lambda E) \\ &= P_A(\lambda) \,. \end{aligned}$$

Das sollte auch so sein, denn A und $B = SAS^{-1}$ stellen schließlich die gleiche lineare Abbildung dar und Eigenwerte sind über die lineare Abbildung definiert.

Auch durch Transponieren der Matrix ändert sich das charakteristische Polynom nicht:

$$P_A(\lambda) = P_{A^T}(\lambda) \,.$$

■

9.4   Berechnung der Eigenvektoren

Ist ein Eigenwert λ gefunden, so berechnen sich die zugehörigen Eigenvektoren $\vec{v}$ über

$$(A - \lambda E)\vec{v} = \vec{0} \,.$$

▶ **Beispiel**

Für $A = \begin{pmatrix} 0 & 1 \\ 1 & 0 \end{pmatrix}$ haben wir im vorigen Beispiel die Eigenwerte $\lambda_{1,2} = \pm 1$ ermittelt. Für $\lambda_1 = +1$ wollen wir noch den zugehörigen Eigenvektor berechnen. Aus dem Gleichungssystem $(A - 1E)\vec{v} = \vec{0}$ wird mithilfe des Gauß-Algorithmus

$$\begin{pmatrix} -1 & 1 & | & 0 \\ 1 & -1 & | & 0 \end{pmatrix} \quad \to \quad \begin{pmatrix} -1 & 1 & | & 0 \\ 0 & 0 & | & 0 \end{pmatrix}.$$

Die Lösungen haben die Form $x = y$ oder $\vec{v} = \begin{pmatrix} x \\ x \end{pmatrix} = x \begin{pmatrix} 1 \\ 1 \end{pmatrix}$, sodass der Lösungsraum also von einem Vektor aufgespannt wird. Als Eigenvektor erhalten wir $\vec{v}_1 = \begin{pmatrix} 1 \\ 1 \end{pmatrix}$ bzw. alle Vielfachen davon.

Die Dimension des Eigenraumes kann man bei quadratischen Matrizen sehr einfach anhand der Nullzeilen nach Anwendung des Gauß-Algorithmus ablesen, denn jede Nullzeile bedeutet, dass ein Parameter frei gewählt werden kann, was wiederum unmittelbar zu einem (weiteren) Basisvektor führt. Somit ist die Anzahl der Nullzeilen gleich der Dimension des Eigenraumes. Eine Nullzeile bedeutet, dass der Lösungsraum, also der Eigenraum, eindimensional ist. Die geometrische Vielfachheit ist somit 1. Entstehen durch Anwendung des Gauß-Algorithmus k Nullzeilen, so gibt es auch k linear unabhängige Eigenvektoren zum entsprechenden Eigenwert.

9.5 Vielfachheiten

Wir wissen bereits, dass Eigenvektoren zu unterschiedlichen Eigenwerten linear unabhängig sind und dass es mehrere linear unabhängige Eigenvektoren zum gleichen Eigenwert geben kann. Wünschenswert ist der Fall, dass wir eine ganze Basis finden, die nur aus Eigenvektoren besteht. In einem solchen Fall wäre die lineare Abbildung lediglich aus Skalierungen unterschiedlicher Stärke zusammengesetzt.

Wir werden nun etwas genauer untersuchen, was über die Anzahl linear unabhängiger Eigenvektoren ausgesagt werden kann.

Ist λ_0 eine Nullstelle des charakteristischen Polynoms, so kann letzteres – durch Ausklammern von $(\lambda - \lambda_0)$ so oft wie möglich – in die Form

$$P_A(\lambda) = (\lambda - \lambda_0)^k q(\lambda)$$

überführt werden. $q(\lambda)$ ist dabei wieder ein Polynom, allerdings ohne λ_0 als Nullstelle, sonst könnte $(\lambda - \lambda_0)$ noch einmal ausgeklammert werden. Der auf diese Weise bestimmte Exponent k heißt *algebraische Vielfachheit* von λ. Sind auch komplexe Eigenwerte zugelassen, so kann jedes Polynom in lineare Faktoren zerlegt werden und die Summe aller Eigenwerte, entsprechend ihrer Vielfachheiten gezählt, ist genau n. Im Reellen können allenfalls quadratische Faktoren wie beispielsweise $(\lambda^2 + 1)$ als nicht mehr weiter zu faktorisierende Reste übrig bleiben.

> ▶ **Beispiel**
>
> Das charakteristische Polynom von $A = \begin{pmatrix} 0 & 1 \\ -1 & 0 \end{pmatrix}$ ist
>
> $$\left| \begin{pmatrix} 0 & 1 \\ -1 & 0 \end{pmatrix} - \begin{pmatrix} \lambda & 0 \\ 0 & \lambda \end{pmatrix} \right| = \begin{vmatrix} -\lambda & 1 \\ -1 & -\lambda \end{vmatrix} = \lambda^2 + 1 \, .$$
>
> Im Reellen ist dies nicht zu faktorisieren und es gibt keine Eigenwerte. Im Komplexen hingegen ist $\lambda^2 + 1 = (\lambda + i)(\lambda - i)$ und A hat die komplexen Eigenwerte $\lambda_{1,2} = \pm i$.

Bemerkung   Generell gilt, dass bei *reellwertigen* Matrizen komplexe Eigenwerte stets mit ihrem konjugiert komplexen Partner (in obigem Beispiel $\pm i$) auftreten.   ■

Weiter gibt es zu jedem Eigenwert mindestens einen linear unabhängigen Eigenvektor. Die Anzahl linear unabhängiger Eigenvektoren kann anhand der Nullzeilen nach Anwendung des Gauß-Algorithmus zur Eigenvektorberechnung abgelesen werden. Diese (bereits zuvor schon definierte) Zahl heißt geometrische Vielfachheit des Eigenwertes λ und ist gemäß folgenden Satzes beschränkt:

> **Satz**   Sei g die geometrische Vielfachheit eines Eigenwertes und k dessen algebraische Vielfachheit. Dann ist
>
> $$1 \leq g \leq k \, .$$

Gibt es also n verschiedene Eigenwerte, so gibt es auch n linear unabhängige Eigenvektoren, einen zu jedem Eigenwert. Insgesamt ergibt das also eine Basis des Ausgangsvektorraumes aus Eigenvektoren. Für Eigenwerte λ mit algebraischer Vielfachheit $k > 1$ können wir zwei Fälle unterscheiden:

1. Der Gauß-Algorithmus liefert k Nullzeilen und somit auch k linear unabhängige Eigenvektoren zum Eigenwert λ. Dann ist der k-fache Eigenwert λ „so gut wie" k verschiedene Eigenwerte.

2. Die Eigenwertgleichung liefert zu λ weniger als k linear unabhängige Eigenvektoren. Diesen Fall betrachten wir im nächsten Abschnitt genauer.

> ▶ **Beispiel**
>
> Die Matrix $A = \begin{pmatrix} 2 & 1 \\ 0 & 2 \end{pmatrix}$ hat das charakteristische Polynom
>
> $$\det(A - \lambda E) = \begin{vmatrix} 2 - \lambda & 1 \\ 0 & 2 - \lambda \end{vmatrix} = (2 - \lambda)^2.$$
>
> Also ist $\lambda = 2$ ein zweifacher Eigenwert (algebraische Vielfachheit ist 2). Aber
>
> $$A - 2E = \begin{pmatrix} 0 & 1 \\ 0 & 0 \end{pmatrix}$$
>
> hat nur eine Nullzeile. Deshalb gibt es nur einen linear unabhängigen Eigenvektor zu $\lambda = 2$, nämlich $\begin{pmatrix} 1 \\ 0 \end{pmatrix}$ oder Vielfache davon.

9.6 Hauptvektoren

Ist für einen Eigenwert die algebraische Vielfachheit größer als die geometrische, so wird es keine Basis aus Eigenvektoren geben. Allerdings können sie durch Hinzunahme anderer Vektoren zu einer Basis ergänzt werden. Die fehlenden Eigenvektoren müssen durch andere Vektoren ersetzt werden. Solche „Ersatzvektoren" finden wir, indem wir die Eigenwertgleichung verallgemeinern, wie im Folgenden beschrieben.

Jeder Eigenvektor $\vec{v}$ von A zum Eigenwert λ erfüllt nicht nur die Eigenwertgleichung

$$(A - \lambda E)\vec{v} = \vec{0} \,,$$

sondern damit erst recht die Gleichung

$$(A - \lambda E)^k \vec{v} = \vec{0} \qquad \text{(Hauptvektorgleichung)},$$

wobei k die algebraische Vielfachheit des Eigenwertes λ ist. Lösungen der Hauptvektorgleichung heißen *Hauptvektoren*. Ein Eigenvektor $\vec{v}$ wird bereits bei Exponent 1 von $(A - \lambda E)$ auf den Nullvektor abgebildet, also auch für $k > 1$, denn

$$(A - \lambda E)^k \vec{v} = (A - \lambda E)^{k-1}(A - \lambda E)\vec{v} = (A - \lambda E)^{k-1}\vec{0} = \vec{0} \,.$$

Somit sind Eigenvektoren unter anderem Hauptvektoren (oder Hauptvektoren eine Verallgemeinerung von Eigenvektoren). Des Weiteren kann es aber noch Lösungen der Hauptvektorgleichung geben, die nicht Eigenvektoren sind. Der folgende Satz gibt uns darüber Gewissheit, dass es – zumindest im Komplexen – stets eine Basis aus Hauptvektoren gibt.

> **Satz**
> Zu einer k-fachen Nullstelle des charakteristischen Polynoms existieren genau k linear unabhängige Hauptvektoren. Diese sind allesamt Lösungen der Hauptvektorgleichung
>
> $$(A - \lambda E)^k \vec{v} = \vec{0}\,.$$

Die Berechnung einer Basis aus Hauptvektoren geschieht folgendermaßen: Für jeden Eigenwert λ berechnen wir die Eigenvektoren mithilfe der Eigenwertgleichung

$$(A - \lambda E)\vec{v} = \vec{0}\,.$$

Ist die algebraische Vielfachheit k von λ größer als die geometrische, heben wir den Exponenten von $(A - \lambda E)$ um eins an und lösen das Gleichungssystem

$$(A - \lambda E)^2 \vec{v} = \vec{0}\,.$$

Neben den bereits gefundenen Eigenvektoren kann es hierzu weitere Hauptvektoren geben. Dies ist dann der Fall, wenn die Anzahl der Nullzeilen nach Anwendung des Gauß-Algorithmus im Vergleich zum vorigen Gleichungssystem (mit Exponent 1) angestiegen ist. Für jede hinzugekommene Nullzeile können wir unsere Basis um einen Hauptvektor ergänzen, wobei wir lediglich beachten müssen, dass sie mit den bisherigen Basisvektoren linear unabhängig sind. Insgesamt benötigen wir zum Eigenwert λ so viele Basisvektoren wie die algebraische Vielfachheit von λ beträgt. Haben wir noch nicht genug, erhöhen wir den Exponenten von $(A - \lambda E)$ weiter und lösen nacheinander

$$(A - \lambda E)^l \vec{v} = \vec{0}\,,$$

für $l = 3, 4, \ldots, k$, bis wir genug Hauptvektoren für die Basis gefunden haben. Obiger Satz gibt uns dabei die Versicherung, dass wir bis zum Exponenten k fündig werden sollten.

▶ Beispiel

Wir wollen die Eigen- und Hauptvektoren der Matrix

$$M := \begin{pmatrix} 2 & 1 & 0 \\ 0 & 2 & 1 \\ 0 & 0 & 2 \end{pmatrix}$$

berechnen:

Das charakteristische Polynom ist $(2 - \lambda)^3$, womit wir mit $\lambda = 2$ einen dreifachen Eigenwert vorliegen haben. Zur Berechnung der zugehörigen Eigenvektoren benötigen wir nicht einmal den Gauß-Algorithmus:

$$A - 2E = \begin{pmatrix} 0 & 1 & 0 \\ 0 & 0 & 1 \\ 0 & 0 & 0 \end{pmatrix} \quad \text{bzw.} \quad \left(\begin{array}{ccc|c} 0 & 1 & 0 & 0 \\ 0 & 0 & 1 & 0 \\ 0 & 0 & 0 & 0 \end{array} \right)$$

führt zu einem linear unabhängigen Eigenvektor, nämlich, mit der Wahl $x = 1$, zu $\begin{pmatrix} 1 \\ 0 \\ 0 \end{pmatrix}$. Für die Hauptvektoren bilden wir das Quadrat von $A - 2E$:

$$(A - 2E)^2 = \begin{pmatrix} 0 & 1 & 0 \\ 0 & 0 & 1 \\ 0 & 0 & 0 \end{pmatrix}^2 = \begin{pmatrix} 0 & 0 & 1 \\ 0 & 0 & 0 \\ 0 & 0 & 0 \end{pmatrix} \quad \text{bzw.} \quad \left(\begin{array}{ccc|c} 0 & 0 & 1 & 0 \\ 0 & 0 & 0 & 0 \\ 0 & 0 & 0 & 0 \end{array} \right)$$

liefert uns sämtliche Linearkombinationen von $\begin{pmatrix} 1 \\ 0 \\ 0 \end{pmatrix}$ und $\begin{pmatrix} 0 \\ 1 \\ 0 \end{pmatrix}$ als mögliche Hauptvektoren. $\begin{pmatrix} 1 \\ 0 \\ 0 \end{pmatrix}$ haben wir aber schon als Eigenvektor identifiziert, womit $\begin{pmatrix} 0 \\ 1 \\ 0 \end{pmatrix}$ als ein gesuchter Hauptvektor bleibt. Wir brauchen insgesamt drei linear unabhängige Eigen- und Hauptvektoren (da 2 ein dreifacher Eigenwert ist), also müssen wir noch $(A - 2E)^3$ berechnen:

$$(A - 2E)^3 = \begin{pmatrix} 0 & 0 & 1 \\ 0 & 0 & 0 \\ 0 & 0 & 0 \end{pmatrix} \cdot \begin{pmatrix} 0 & 1 & 0 \\ 0 & 0 & 1 \\ 0 & 0 & 0 \end{pmatrix} = \begin{pmatrix} 0 & 0 & 0 \\ 0 & 0 & 0 \\ 0 & 0 & 0 \end{pmatrix} \quad \text{bzw.} \quad \left(\begin{array}{ccc|c} 0 & 0 & 0 & 0 \\ 0 & 0 & 0 & 0 \\ 0 & 0 & 0 & 0 \end{array} \right) .$$

Hier ist jeder Vektor eine Lösung, linear unabhängig zu den bisherigen zweien ist beispielsweise $\begin{pmatrix} 0 \\ 0 \\ 1 \end{pmatrix}$. Somit besteht also die Standardbasis des $\mathbb{R}^3$ aus Eigen- und Hauptvektoren von M.

9.7 Diagonalisierbarkeit

Wie sieht aber nun der günstige Fall aus, in dem es eine Basis aus Eigenvektoren gibt, und welche Vorteile liefert dies?

Dazu sei kurz an das Kapitel zur Koordinaten- und Basistransformation erinnert. Dort haben wir erkannt, dass eine Matrix eine lineare Abbildung immer bezüglich einer gewählten Basis darstellt. Ein und dieselbe lineare Abbildung kann durch unterschiedliche Matrizen repräsentiert werden, indem wir die zugrunde liegende Basis wechseln.

Ist die betrachtete Basis ausschließlich aus Eigenvektoren aufgebaut, hat die Matrix eine besonders einfache Gestalt, nämlich

$$D = \begin{pmatrix} \lambda_1 & 0 & \dots & 0 \\ 0 & \lambda_2 & \ddots & \vdots \\ \vdots & \ddots & \ddots & 0 \\ 0 & \dots & 0 & \lambda_n \end{pmatrix},$$

eine *Diagonalmatrix*. Die Eigenwerte stehen dabei auf der Diagonalen und zwar mit der Häufigkeit der algebraischen Vielfachheit des Eigenwertes. Dies ist folgendermaßen einzusehen: Dem Eigenvektor $\vec{v}_k$, welchen wir als k-ten Basisvektor gewählt haben, entspricht bzgl. der Eigenvektorbasis der Koordinatenvektor $\vec{e}_k$. Der Koordinatenvektor wird durch die Diagonalmatrix auf den Koordinatenvektor

$$D\vec{e}_k = \lambda_k \vec{e}_k$$

abgebildet, welcher dem Vektor $\lambda_k \vec{v}_k$ entspricht. Somit ist trotz des zwischenzeitlichen Basiswechsels immer noch die Eigenvektoreigenschaft erfüllt und das für die gesamte Basis.

Einige offensichtliche Vorteile von Diagonalmatrizen bestehen darin, dass Multiplikation, Addition und Determinantenbildung sehr einfach sind. Leider ist eine Diagonalisierung aber nicht immer möglich, immerhin wird eine Basis aus Eigenvektoren benötigt und die gibt es, wie wir gelernt haben, nicht immer.

Definition   ## Diagonalisierbar

Eine Matrix $A \in M(n \times n, \mathbb{K})$ heißt *diagonalisierbar*, falls ein invertierbares $S \in M(n \times n, \mathbb{K})$ existiert, sodass die Matrix

$$D = SAS^{-1}$$

eine Diagonalmatrix ist. (Offenbar ist dann umgekehrt $A = S^{-1}DS$.)

Diese Definition mag etwas kompliziert erscheinen, sie entspricht aber lediglich der Existenz einer Basistransformation wie oben beschrieben.

Bemerkung   Ist die betrachtete Matrix A bereits diagonal, können S und S^{-1} als Einheitsmatrix gewählt werden. Dann ist $D = A$ und die Bedingung in der Definition erfüllt. Somit sind diagonale Matrizen diagonalisierbar – dies war natürlich zu erwarten, jedoch aus der Definition nicht ganz offensichtlich. ■

Um eine Diagonalisierung durchzuführen, benötigen wir die Transformationsmatrizen. S^{-1} setzt sich dabei aus der neuen Basis – aufgefasst als Spaltenvektoren – zusammen und S ist die Inverse von S^{-1}. Dazu sehen wir uns noch einmal das entsprechende Diagramm aus dem Kapitel über Basistransformationen an:

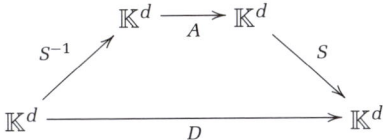

Starten wir mit $\vec{e}_k$ – das entspricht dem Koordinatenvektor des k-ten Eigenvektors bzgl. der Eigenvektorbasis – unten links und folgen dem oberen Diagrammverlauf, so wird dieser Vektor zunächst durch S^{-1} auf die k-te Spalte von S^{-1}, also auf den k-ten Eigenvektor $\vec{v}_k$, abgebildet. $\vec{v}_k$ wird weiter von A auf $\lambda_k \vec{v}_k$ abgebildet und jener Vektor durch S auf $\lambda_k \vec{e}_k$ – was wiederum dem Koordinatenvektor von $\lambda_k \vec{v}_k$ bzgl. der Eigenvektorbasis entspricht. Entlang des kürzeren, unteren Weges wird $\vec{v}_k$ einfach durch die Diagonalmatrix auf $\lambda_k \vec{v}_k$ abgebildet und wir gelangen zum gleichen Ergebnis.

In der vorigen Bemerkung ist $S^{-1} = E$, deren Spalten somit aus den Standardbasisvektoren bestehen, welche wiederum die Eigenvektoren der Matrix A sind.

▶ Beispiel

Wir führen das Beispiel aus dem Abschnitt zur Berechnung von Eigenvektoren fort. Dort hatten wir $\vec{v}_1 = \begin{pmatrix} 1 \\ 1 \end{pmatrix}$ als Eigenvektor zum Eigenwert $\lambda_1 = 1$ von $A = \begin{pmatrix} 0 & 1 \\ 1 & 0 \end{pmatrix}$ berechnet.

$\vec{v}_2 = \begin{pmatrix} 1 \\ -1 \end{pmatrix}$ ist Eigenvektor zum Eigenwert $\lambda_2 = -1$. Somit hätten wir eine Basis aus Eigenvektoren. Diese schreiben wir als Spalten in eine Matrix und erhalten

$$S^{-1} = \begin{pmatrix} 1 & 1 \\ 1 & -1 \end{pmatrix}$$

und nach kurzer Invertierung

$$S = \frac{1}{2} \begin{pmatrix} 1 & 1 \\ 1 & -1 \end{pmatrix}.$$

Schließlich ist

$$SAS^{-1} = \frac{1}{2} \begin{pmatrix} 1 & 1 \\ 1 & -1 \end{pmatrix} \begin{pmatrix} 0 & 1 \\ 1 & 0 \end{pmatrix} \begin{pmatrix} 1 & 1 \\ 1 & -1 \end{pmatrix} = \frac{1}{2} \begin{pmatrix} 1 & 1 \\ 1 & -1 \end{pmatrix} \begin{pmatrix} 1 & -1 \\ 1 & 1 \end{pmatrix}$$

$$= \begin{pmatrix} 1 & 0 \\ 0 & -1 \end{pmatrix} = \begin{pmatrix} \lambda_1 & 0 \\ 0 & \lambda_2 \end{pmatrix}.$$

Bitte überlegen Sie, zu welchem Ergebnis wir gekommen wären, hätten wir die Spalten von S^{-1} vertauscht. Kehrt sich in der Diagonalmatrix ebenfalls die Reihenfolge der Eigenwerte auf der Diagonalen um oder hebt sich der Effekt auf, weil sich mit S^{-1} auch S ändert?

Wir wollen noch auf eine Besonderheit von symmetrischen bzw. selbstadjungierten Matrizen in Bezug auf Eigenvektoren und Diagonalisierbarkeit eingehen.

> **Satz**   Sei $A \in M(n \times n, \mathbb{R})$ eine symmetrische Matrix (d. h. $A = A^T$) bzw. $B \in M(n \times n, \mathbb{C})$ eine selbstadjungierte Matrix (d. h. $A = A^* := \overline{A^T}$). Dann gibt es im $\mathbb{R}^n$ eine ONB aus Eigenvektoren von A bzw. B. Ferner sind alle Eigenwerte reell.

Symmetrische bzw. selbstadjungierte Matrizen sind somit nicht nur diagonalisierbar, die Eigenräume liegen bezüglich des Standardskalarproduktes des $\mathbb{R}^n$ bzw. $\mathbb{K}^n$ sogar noch senkrecht zueinander.

Nach den letzten Überlegungen können wir Kriterien für die Diagonalisierbarkeit einer Matrix zusammenfassen.

> **Satz**   Eine Matrix $A \in M(n \times n, \mathbb{K})$ ist genau dann diagonalisierbar, wenn eine Basis aus Eigenvektoren existiert. Dies ist unter anderem der Fall, wenn eine der folgenden Bedingungen erfüllt ist:
>
> 1. A hat n paarweise verschiedene Eigenwerte.
>
> 2. $A = A^T$ (symmetrisch).
>
> 3. $A = A^* := \overline{A^T}$ (selbstadjungiert).

Dies sind allerdings nur hinreichende Bedingungen. Ist keiner der drei Punkte erfüllt, kann die Matrix dennoch diagonalisierbar sein – oder auch nicht.

9.7.1 Diagonalisierung am Beispiel

Sei die zu diagonalisierende Matrix

$$A = \begin{pmatrix} 1 & 2 \\ 2 & 1 \end{pmatrix} .$$

Bestimmen der Eigenwerte: Das charakteristische Polynom von A ist

$$\det(A - \lambda E) = \begin{vmatrix} 1 - \lambda & 2 \\ 2 & 1 - \lambda \end{vmatrix} = (1 - \lambda)^2 - 4 = \lambda^2 - 2\lambda - 3 .$$

Nullstellen – und somit Eigenwerte von A – sind $\lambda_{1,2} = 1 \pm \sqrt{1 + 3} = 1 \pm 2$, also $\lambda_1 = -1$, $\lambda_2 = 3$. Die algebraischen Vielfachheiten sind jeweils 1. Zu erwarten ist damit

$$D = \begin{pmatrix} -1 & 0 \\ 0 & 3 \end{pmatrix}$$

als Diagonalmatrix.

Berechnen der Eigenvektoren:

$$A - \lambda_1 E = \begin{pmatrix} 1 & 2 \\ 2 & 1 \end{pmatrix} - \begin{pmatrix} -1 & 0 \\ 0 & -1 \end{pmatrix} = \begin{pmatrix} 2 & 2 \\ 2 & 2 \end{pmatrix}$$

$$\left(\begin{array}{cc|c} 2 & 2 & 0 \\ 2 & 2 & 0 \end{array} \right) \quad \rightarrow \quad \left(\begin{array}{cc|c} 2 & 2 & 0 \\ 0 & 0 & 0 \end{array} \right) ,$$

also ist $\vec{v}_1 = \begin{pmatrix} 1 \\ -1 \end{pmatrix}$ Eigenvektor zu λ_1.

$$A - \lambda_2 E = \begin{pmatrix} 1 & 2 \\ 2 & 1 \end{pmatrix} - \begin{pmatrix} 3 & 0 \\ 0 & 3 \end{pmatrix} = \begin{pmatrix} -2 & 2 \\ 2 & -2 \end{pmatrix}$$

$$\left(\begin{array}{cc|c} -2 & 2 & 0 \\ 2 & -2 & 0 \end{array} \right) \quad \rightarrow \quad \left(\begin{array}{cc|c} -2 & 2 & 0 \\ 0 & 0 & 0 \end{array} \right) ,$$

also ist $\vec{v}_2 = \begin{pmatrix} 1 \\ 1 \end{pmatrix}$ Eigenvektor zu λ_2.

Koordinatentransformation: Die beiden Eigenvektoren ergeben, als Spaltenvektoren geschrieben, die Transformationsmatrix

$$S^{-1} = \begin{pmatrix} 1 & 1 \\ -1 & 1 \end{pmatrix} .$$

Deren inverse Matrix ist

$$S = (S^{-1})^{-1} = \frac{1}{2}\begin{pmatrix} 1 & -1 \\ 1 & 1 \end{pmatrix}$$

und schließlich ergibt die Transformation

$$D = SAS^{-1} = \frac{1}{2}\begin{pmatrix} 1 & -1 \\ 1 & 1 \end{pmatrix}\begin{pmatrix} 1 & 2 \\ 2 & 1 \end{pmatrix}\begin{pmatrix} 1 & 1 \\ -1 & 1 \end{pmatrix}$$

$$= \frac{1}{2}\begin{pmatrix} 1 & -1 \\ 1 & 1 \end{pmatrix}\begin{pmatrix} -1 & 3 \\ 1 & 3 \end{pmatrix} = \frac{1}{2}\begin{pmatrix} -2 & 0 \\ 0 & 6 \end{pmatrix}$$

$$= \begin{pmatrix} -1 & 0 \\ 0 & 3 \end{pmatrix}.$$

9.8 Aufgaben

1 (a) Bestimmen Sie von

$$A = \begin{pmatrix} 1 & 2 \\ 3 & -1 \end{pmatrix}, \quad B = \begin{pmatrix} 1 & -2 & 1 \\ 0 & -3 & 0 \\ 2 & -1 & 2 \end{pmatrix}, \quad C = \begin{pmatrix} 1 & 0 & 3 \\ 0 & 2 & 0 \\ 1 & 0 & -1 \end{pmatrix}$$

die Eigenwerte mitsamt deren algebraischen Vielfachheiten.

(b) Welche Eigenwerte und zugehörige Eigenvektoren können direkt aus den folgenden Matrizen abgelesen werden? Bei welchen Eigenwerten könnte es neben zugehörigen Eigenvektoren noch Hauptvektoren geben?

$$A = \begin{pmatrix} 1 & 0 \\ 2 & 1 \end{pmatrix}, \quad B = \begin{pmatrix} 1 & 5 & 1 \\ 0 & -3 & 1 \\ 0 & 0 & 2 \end{pmatrix}, \quad C = \begin{pmatrix} 1 & 0 & 2 & 0 \\ 3 & -2 & 2 & 0 \\ 0 & 0 & 0 & 0 \\ 3 & 0 & 1 & -2 \end{pmatrix}.$$

2 Bestimmen Sie die Eigenwerte mit deren zugehörigen Eigen- und Hauptvektoren der Matrix

$$A = \begin{pmatrix} 1 & 2 & 1 \\ 0 & 3 & 1 \\ 1 & 1 & 2 \end{pmatrix}.$$

3 Wir haben bereits die Ableitungsabbildung $f \mapsto f'$ als lineare Abbildung auf dem Vektorraum der unendlich oft differenzierbaren Funktionen kennen gelernt. Finden Sie ein Beispiel für einen Eigenvektor (oder besser „Eigenfunktion") dieser Abbildung.

4 Berechnen Sie folgende Matrixprodukte

$$\begin{pmatrix} a & 0 \\ 0 & b \end{pmatrix} \begin{pmatrix} 1 & 2 \\ 3 & 4 \end{pmatrix}, \quad \begin{pmatrix} 1 & 2 \\ 3 & 4 \end{pmatrix} \begin{pmatrix} a & 0 \\ 0 & b \end{pmatrix}, \quad \begin{pmatrix} a & 0 \\ 0 & b \end{pmatrix} \begin{pmatrix} c & 0 \\ 0 & d \end{pmatrix}.$$

5 (a) Diagonalisieren Sie, falls möglich, folgende Matrizen

$$A = \begin{pmatrix} 0 & 2 \\ -2 & 4 \end{pmatrix}, \quad B = \begin{pmatrix} 1 & 0 \\ 1 & 2 \end{pmatrix}, \quad C = \begin{pmatrix} 2 & -3 \\ 1 & -2 \end{pmatrix}.$$

Berechnen Sie in den entsprechenden Fällen das Produkt $D = SAS^{-1}$.

(b) Welche der folgenden Matizen können bereits durch bloßes Hinsehen als diagonalisierbar eingeordnet werden?

$$A = \begin{pmatrix} 1 & 0 \\ 1 & 1 \end{pmatrix}, \quad B = \begin{pmatrix} 1 & 0 \\ 1 & 2 \end{pmatrix}, \quad C = \begin{pmatrix} 1 & 1 \\ 1 & 1 \end{pmatrix},$$

$$\tilde{A} = \begin{pmatrix} 2 & 1 & -1 \\ 0 & 3 & 2 \\ 0 & 0 & 2 \end{pmatrix}, \quad \tilde{B} = \begin{pmatrix} 2 & 1 & -1 \\ 0 & 3 & 2 \\ 0 & 0 & 4 \end{pmatrix}, \quad \tilde{C} = \begin{pmatrix} 2 & 1 & -2 \\ -1 & 2 & 3 \\ 2 & -3 & 2 \end{pmatrix}.$$

Begründen Sie Ihre Wahl.

6 Bestimmen Sie alle reellen Werte α, für welche die Matrix

$$A = \begin{pmatrix} 1 & \alpha \\ 0 & 1 \end{pmatrix}$$

diagonalisierbar ist.

9.9 Lösungen

1 (a)
$$\det(A - \lambda E) = \begin{vmatrix} 1 - \lambda & 2 \\ 3 & -1 - \lambda \end{vmatrix}$$
$$= (1 - \lambda)(-1 - \lambda) - 6 = \lambda^2 - 7,$$

somit hat A die beiden Eigenwerte $\lambda_1 = -\sqrt{7}$ und $\lambda_2 = +\sqrt{7}$, jeweils mit algebraischer Vielfachheit 1.

$$
\det(B - \lambda E) = \begin{vmatrix} 1-\lambda & -2 & 1 \\ 0 & -3-\lambda & 0 \\ 2 & -1 & 2-\lambda \end{vmatrix}
$$
$$
= (-3-\lambda)((1-\lambda)(2-\lambda) - 2)
$$
$$
= (-3-\lambda)(\lambda^2 - 3\lambda) = (-3-\lambda)\lambda(\lambda - 3),
$$

also hat B die Eigenwerte $\lambda_1 = -3$, $\lambda_2 = 0$ und $\lambda_3 = 3$, ebenfalls mit algebraischer Vielfachheit 1.

$$
\det(C - \lambda E) = \begin{vmatrix} 1-\lambda & 0 & 3 \\ 0 & 2-\lambda & 0 \\ 1 & 0 & -1-\lambda \end{vmatrix}
$$
$$
= (1-\lambda)(2-\lambda)(-1-\lambda) - 3(2-\lambda)
$$
$$
= (2-\lambda)(\lambda^2 - 4) = (2-\lambda)^2(2+\lambda),
$$

die Eigenwerte von C sind demnach $\lambda_{1,2} = 2$ mit algebraischer Vielfachheit 2 sowie $\lambda_3 = -2$ mit algebraischer Vielfachheit 1.

(b) Die Matrizen A und B sind untere bzw. obere Dreiecksmatrizen. Bei diesen stehen die Eigenwerte direkt auf der Diagonalen. Die Häufigkeit, mit der diese Werte dort stehen, gibt die algebraische Vielfachheit an.

- Somit hat die Matrix A lediglich den Eigenwert 1 mit algebraischer Vielfachheit 2. Weiterhin ist der Standardbasisvektor e_2 ein Eigenvektor, da in der zweiten Matrixspalte alle Nichtdiagonalelemente Null sind. Über die Existenz eines zweiten, zu e_2 linear unabhängigen Eigenvektors können wir ohne weitere Untersuchungen noch nichts sagen. Es könnte also noch einen Hauptvektor geben.

- Die Matrix B hat die Eigenwerte 1, -3 und 2, jedweils mit algebraischer Vielfachheit 1. Mit dem gleichen Argument wie bei A können wir den Standardbasisvektor e_1 als Eigenvektor zum Eigenwert 1 identifizieren. Andere Eigenvektoren kennen wir noch nicht. Allerdings gibt es ja zu jedem Eigenwert mindestens einen (linear unabhängigen) Eigenvektor. Es kann aber auch nicht mehr als einen geben, da die algebraische Vielfachheit 1 ist. Hauptvektoren gibt es somit für B nicht.

- C ist keine Dreiecksmatrix. Konzentrieren wir uns also zunächst auf die zweite und vierte Spalte. Dort sind wiederum alle Einträge bis auf die Diagonaleinträge Null, wonach die Standardbasisvektoren e_2 und e_4 Eigenvektoren sind, jeweils zum Eigenwert -2. Dieser Eigenwert hat also mindestens eine algebraische Vielfachheit von 2. Weiterhin gibt es noch eine komplette Nullzeile, C hat also nicht vollen Rang. Anders ausgedrückt ist der Kern von C mindestens eindimensional, es gibt also neben dem Nullvektor noch weitere Vektoren $\vec{v}$, die auf den Nullvektor, also auf $0 \cdot \vec{v}$ abgebildet werden. 0 ist somit ein weiterer Eigenwert und $\vec{v}$ dessen Eigenvektor. Die algebraische Vielfachheit ist mindestens 1. Über den vierten Eigenwert können wir nichts aussagen. Wäre er 0 oder -2, so wäre die entsprechende algebraische Vielfachheit um 1 größer als oben angegeben und es könnte sogar noch einen Hauptvektor geben.

2 Das charakteristische Polynom lautet:

$$(1-\lambda)(3-\lambda)(2-\lambda)\underbrace{+2-(3-\lambda)}_{-(1-\lambda)}-(1-\lambda)$$

$$= (1-\lambda)\big((3-\lambda)(2-\lambda)-2\big) = (1-\lambda)(\lambda^2 - 5\lambda + 4) = (1-\lambda)^2(4-\lambda)\,.$$

Berechnung des Eigenvektors zum Eigenwert 4 mithilfe des Gauß-Algorithmus:

$$A - 4E = \begin{pmatrix} -3 & 2 & 1 \\ 0 & -1 & 1 \\ 1 & 1 & -2 \end{pmatrix}$$

$$\begin{pmatrix} -3 & 2 & 1 & | & 0 \\ 0 & -1 & 1 & | & 0 \\ 1 & 1 & -2 & | & 0 \end{pmatrix} \rightarrow \begin{pmatrix} -3 & 2 & 1 & | & 0 \\ 0 & -1 & 1 & | & 0 \\ 0 & 5 & -5 & | & 0 \end{pmatrix} \rightarrow \begin{pmatrix} -3 & 2 & 1 & | & 0 \\ 0 & -1 & 1 & | & 0 \\ 0 & 0 & 0 & | & 0 \end{pmatrix}$$

Mit der Wahl $z = 1$ erhalten wir als Eigenvektor $\begin{pmatrix} 1 \\ 1 \\ 1 \end{pmatrix}$.

Berechnung der ein bis zwei linear unabhängigen Eigenvektoren zum Eigenwert 1:

$$A - E = \begin{pmatrix} 0 & 2 & 1 \\ 0 & 2 & 1 \\ 1 & 1 & 1 \end{pmatrix}, \quad \begin{pmatrix} 0 & 2 & 1 & | & 0 \\ 0 & 2 & 1 & | & 0 \\ 1 & 1 & 1 & | & 0 \end{pmatrix} \rightarrow \begin{pmatrix} 1 & 1 & 1 & | & 0 \\ 0 & 2 & 1 & | & 0 \\ 0 & 0 & 0 & | & 0 \end{pmatrix}$$

Da es nur eine Nullzeile gibt, werden wir auch nur einen linear unabhängigen Eigenvektor finden, nämlich mit $z = 2$ den Eigenvektor $\vec{v} = \begin{pmatrix} -1 \\ -1 \\ 2 \end{pmatrix}$.

Als Letztes muss noch der Hauptvektor zum Eigenwert 1 bestimmt werden. Dazu lösen wir das Gleichungssystem $(A - 1E)^2\vec{w} = \vec{0}$:

$$(A - E)^2 = \begin{pmatrix} 1 & 5 & 3 \\ 1 & 5 & 3 \\ 1 & 5 & 3 \end{pmatrix}, \quad \left(\begin{array}{ccc|c} 1 & 5 & 3 & 0 \\ 1 & 5 & 3 & 0 \\ 1 & 5 & 3 & 0 \end{array}\right) \rightarrow \left(\begin{array}{ccc|c} 1 & 5 & 3 & 0 \\ 0 & 0 & 0 & 0 \\ 0 & 0 & 0 & 0 \end{array}\right).$$

Mit der Wahl $z = 1$ ist ein zu $\vec{v}$ linear unabhängiger Hauptvektor gegeben durch $\vec{w} = \begin{pmatrix} 2 \\ -1 \\ 1 \end{pmatrix}$. Beliebige Linearkombinationen von $\vec{v}$ und $\vec{w}$ sind ebenfalls Hauptvektoren zum Eigenwert 1.

Insgesamt bilden die Vektoren $\begin{pmatrix} 1 \\ 1 \\ 1 \end{pmatrix}$, $\begin{pmatrix} -1 \\ -1 \\ 2 \end{pmatrix}$ und $\begin{pmatrix} 2 \\ -1 \\ 1 \end{pmatrix}$ eine Basis aus Hauptvektoren.

3 Ein Eigenvektor wird auf ein Vielfaches von sich selbst abgebildet. Wir suchen also eine Funktion f, deren Ableitung ein Vielfaches der Funktion selbst ist: $f' = \lambda f$. Ein solches Beispiel liefert die Exponentialfunktion, denn dafür gilt

$$\left(e^{\lambda x}\right)' = \lambda e^{\lambda x}.$$

Somit ist bzgl. der Ableitungsabbildung die Funktion $f(x) = e^{\lambda x}$ ein Eigenvektor zum Eigenwert λ.

4 Multiplikation von links entspricht einer zeilenweisen Multiplikation mit den Diagonalelementen:

$$\begin{pmatrix} a & 0 \\ 0 & b \end{pmatrix}\begin{pmatrix} 1 & 2 \\ 3 & 4 \end{pmatrix} = \begin{pmatrix} a & 2a \\ 3b & 4b \end{pmatrix}.$$

Multiplikation von rechts entspricht einer spaltenweisen Multiplikation mit den Diagonalelementen:

$$\begin{pmatrix} 1 & 2 \\ 3 & 4 \end{pmatrix}\begin{pmatrix} a & 0 \\ 0 & b \end{pmatrix} = \begin{pmatrix} a & 2b \\ 3a & 4b \end{pmatrix}$$

und schließlich

$$\begin{pmatrix} a & 0 \\ 0 & b \end{pmatrix}\begin{pmatrix} c & 0 \\ 0 & d \end{pmatrix} = \begin{pmatrix} ac & 0 \\ 0 & bd \end{pmatrix}.$$

5 (a) A) Das charakteristische Polynom von A

$$\det(A - \lambda E) = \begin{vmatrix} -\lambda & 2 \\ -2 & 4-\lambda \end{vmatrix} = (\lambda - 2)^2$$

liefert den Eigenwert $\lambda_{1,2} = 2$ mit algebraischer Vielfachheit 2. Doch

$$A - \lambda_{1,2}E = \begin{pmatrix} -2 & 2 \\ -2 & 2 \end{pmatrix}$$

hat offensichtlich Rang 1 und damit gibt es zu diesem Eigenwert nur einen linear unabhängigen Eigenvektor. Zur Diagonalisierbarkeit bräuchten wir allerdings zwei linear unabhängige Eigenvektoren (eine Basis).

B) Das charakteristische Polynom von B

$$\det(B - \lambda E) = \begin{vmatrix} 1 - \lambda & 0 \\ 1 & 2 - \lambda \end{vmatrix} = (1 - \lambda)(2 - \lambda)$$

liefert die Eigenwerte $\lambda_1 = 1$ und $\lambda_2 = 2$, jeweils mit algebraischer Vielfachheit 1. Demnach ist B diagonalisierbar, zu jedem Eigenwert gibt es ja mindestens einen Eigenvektor und bei zwei Eigenwerten liefert uns das bereits eine Basis. Wir wissen auch schon, dass die Diagonalmatrix die Gestalt $\begin{pmatrix} 1 & 0 \\ 0 & 2 \end{pmatrix}$ oder $\begin{pmatrix} 2 & 0 \\ 0 & 1 \end{pmatrix}$ haben wird – je nach der Reihenfolge der Eigenvektoren in den Spalten von S –, wollen dies zur Übung aber noch genauer berechnen. Den Eigenvektor $\vec{v}_1$ zum Eigenwert $\lambda_1 = 1$ erhalten wir durch Lösen des Gleichungssystems

$$\begin{pmatrix} 1 - \lambda_1 & 0 \\ 1 & 2 - \lambda_1 \end{pmatrix} \vec{v}_1 = \begin{pmatrix} 0 & 0 \\ 1 & 1 \end{pmatrix} \vec{v}_1 = \vec{0}.$$

Somit ist $\vec{v}_1 = \begin{pmatrix} 1 \\ -1 \end{pmatrix}$ Eigenvektor. Der Eigenvektor $\vec{v}_2$ zum Eigenwert $\lambda_2 = 2$ ist Lösung von

$$\begin{pmatrix} 1 - \lambda_2 & 0 \\ 1 & 2 - \lambda_2 \end{pmatrix} \vec{v}_2 = \begin{pmatrix} -1 & 0 \\ 1 & 0 \end{pmatrix} \vec{v}_2 = \vec{0},$$

also $\vec{v}_2 = \begin{pmatrix} 0 \\ 1 \end{pmatrix}$.

Beide Eigenvektoren, als Spaltenvektoren aufgefasst, ergeben die Matrix S^{-1}, woraus wir durch Invertieren die Matrix S berechnen

$$S^{-1} = \begin{pmatrix} 1 & 0 \\ -1 & 1 \end{pmatrix}, \quad S = \begin{pmatrix} 1 & 0 \\ 1 & 1 \end{pmatrix}.$$

Die gesuchte Diagonalmatrix ergibt sich durch folgendes Produkt

$$D = SBS^{-1} = \begin{pmatrix} 1 & 0 \\ 1 & 1 \end{pmatrix} \begin{pmatrix} 1 & 0 \\ 1 & 2 \end{pmatrix} \begin{pmatrix} 1 & 0 \\ -1 & 1 \end{pmatrix} = \begin{pmatrix} 1 & 0 \\ 0 & 2 \end{pmatrix}.$$

C) Das charakteristische Polynom von C

$$\det(C - \lambda E) = \begin{vmatrix} 2 - \lambda & -3 \\ 1 & -2 - \lambda \end{vmatrix} = (\lambda + 1)(\lambda - 1)$$

liefert die Eigenwerte $\lambda_1 = -1$ und $\lambda_2 = +1$. Demnach ist auch C diagonalisierbar und die Diagonalmatrix hat die Gestalt $\begin{pmatrix} -1 & 0 \\ 0 & 1 \end{pmatrix}$ oder $\begin{pmatrix} 1 & 0 \\ 0 & -1 \end{pmatrix}$. Der Eigenwert $\lambda_1 = -1$ hat den Eigenvektor $\vec{v}_1 = \begin{pmatrix} 1 \\ 1 \end{pmatrix}$, der Eigenwert $\lambda_2 = 1$ hat den Eigenvektor $\vec{v}_2 = \begin{pmatrix} 3 \\ 1 \end{pmatrix}$. Somit ergeben sich

$$S^{-1} = \begin{pmatrix} 1 & 3 \\ 1 & 1 \end{pmatrix}, \quad S = -\frac{1}{2} \begin{pmatrix} 1 & -3 \\ -1 & 1 \end{pmatrix}$$

und als Diagonalmatrix

$$D = SBS^{-1} = -\frac{1}{2} \begin{pmatrix} 1 & -3 \\ -1 & 1 \end{pmatrix} \begin{pmatrix} 2 & -3 \\ 1 & -2 \end{pmatrix} \begin{pmatrix} 1 & 3 \\ 1 & 1 \end{pmatrix} = \begin{pmatrix} -1 & 0 \\ 0 & 1 \end{pmatrix}.$$

(b) A und $\tilde{A}$ müssen nicht diagonalisierbar sein, es könnte nämlich zum doppelten Eigenwert 1 bzw. 2 ein Hauptvektor existieren.

B hat zwei verschiedene Eigenwerte (1 und 2), $\tilde{B}$ drei verschiedene (2, 3 und 4), jeweils mit algebraischer Vielfachheit 1. Demnach gibt es keine Hauptvektoren; die beiden Matrizen sind diagonalisierbar.

C und $\tilde{C}$ sind reellwertige, schiefsymmetrische Matrizen. Diese haben stets eine Basis aus Eigenvektoren und sind somit diagonalisierbar.

6 Da A eine obere Dreiecksmatrix ist, können wir den Eigenwert 1 mit algebraischer Vielfachheit 2 direkt von der Diagonalen von A ablesen. Damit A diagonalisierbar ist, muss es zu diesem Eigenwert zwei linear unabhängige Eigenvektoren geben. Das bedeutet, dass das lineare Gleichungssystem $(A - 1 \cdot E)\vec{v} = \vec{0}$ einen zweidimensionalen Lösungsraum hat, also jeder Vektor $\vec{v}$ des $\mathbb{R}^2$ auf den Nullvektor abgebildet wird. Demnach muss $(A - 1 \cdot E)$ bereits die Nullmatrix sein. Somit ist nur für $\alpha = 0$ die Matrix A diagonalisierbar bzw. A liegt dann bereits in Diagonalgestalt vor.

Differenzialgleichungen I

10

ÜBERBLICK

10.1 Motivation

Differenzialgleichungen sind das wesentliche Element, um die verschiedensten Vorgänge in Natur und Technik zu beschreiben. Dazu gehören

- Schwingungen und Wellen,
- Diffusionsprozesse,
- Wachstumsprozesse,
- Wärmeleitungsvorgänge,
- Strömungsphänomene

und vieles mehr. Eigentlich ist das tatsächlich Motivation genug, denn viele Teile der Mathematik fließen bei der Behandlung der Differenzialgleichungen zusammen, denn sie repräsentieren unwegsames Gelände, für dessen Durchquerung teils schwerstes Gerät verwendet werden muss. Jedoch keine Angst, wir werden Ihnen für den Anfang eine gute Karte zur Orientierung mit auf den Weg geben. Außerdem befinden wir uns noch immer in einem Buch über Lineare Algebra, sodass wir hier nur die Anfänge behandeln können und müssen. Das beruhigt und macht alles, was Sie später über dieses Thema lernen müssen, leichter.

Der Begriff der Differenzialgleichung beinhaltet offensichtlich etwas, was auf den ersten Blick so gar nicht in die Lineare Algebra zu passen scheint. Wir haben bisher über vieles geredet, aber doch nur ganz entfernt mal etwas zum Differenzieren gemacht. Aber genau da steckte der Zusammenhang! Wir haben nämlich gesehen, dass sich hinter dem Differenzieren eine lineare Abbildung verbirgt. Dies bedeutet dann aber auch, dass die Strukturen der Linearen Algebra erneut auf dem Gebiet der Differenzialgleichungen auftauchen müssen und genau das machen sie. Wir werden sehen, dass die Struktur der Lösungsmenge einer Differenzialgleichung der von linearen Gleichungssystemen entspricht. Verschiedene Akteure treten also auf die Bühne der Mathematik und spielen das gleiche Stück; wunderbar!

Die ganze Tragweite der Theorie der Differenzialgleichungen in den Anwendungen wird sicher erst klar, wenn Sie die speziellen Veranstaltungen Ihres Studienganges besuchen, in denen physikalische oder z. B. wirtschaftstheoretische Themen behandelt werden. Auch die gesonderten Kurse zu Differenzialgleichungen enthalten zumeist viel über die Anwendungen, denn wesentliche Beispiele entstammen einfach aus dem Studium der Natur.

Vor dem Behandeln der Grundlagen wollen wir allerdings dennoch andeutend klären, woher der Zusammenhang zur Natur (aber auch Technik) kommt. Es zeugt wohl nicht von einem Hang zur Übertreibung, wenn wir die Zeit als zentrale Größe betrachten, deren Fortschreiten die wesentlichen Phänomene überhaupt erst erfahrbar macht. Haben wir eine Funktion $y(t)$, die von der Zeit abhängt und einen Vorgang in der Natur beschreibt, können wir für alle Zeiten t voraussagen bzw. zurückrechnen, was passiert (ist), sofern $y(t)$ für diese t definiert ist. Die Natur liefert uns aber nur in den seltensten Fällen direkt Informationen über die Abläufe in ihr. Das meiste teilt sie uns über Änderungen in der Zeit mit. So zerfällt radioaktives Material im Laufe der Zeit und ein Fadenpendel ändert seine Lage und Geschwindigkeit. Änderungen werden nun aber gerade durch die Ableitung einer Funktion ausgedrückt. Hier müssen wir also nach der Variablen t ableiten, was mit $\frac{dy}{dt}(t)$ bezeichnet wird, wofür dann meist kurz $\dot{y}(t)$ geschrieben wird, sofern t wirklich als Zeit verstanden wird. Auch höhere Ableitungen können auftreten. So ist für eine den Ort in Abhängigkeit von der Zeit beschreibende Funktion $x(t)$ der Ausdruck $\dot{x}(t)$ die Änderung des Ortes, also die Geschwindigkeit. $\ddot{x}(t)$ ist die Änderung der Änderung des Ortes, also die Änderung der Geschwindigkeit, die dann als Beschleunigung bekannt ist. So wusste bereits Newton (1643–1727), dass für die Kraft F und die Masse m eines Probeteilchens die Gleichung $F = m\ddot{x}(t)$ gilt; eine einfache Differenzialgleichung. (Newton wusste sogar noch mehr zu diesem Thema, was sogar in Richtung Relativistik deutete, das wollen wir hier aber nicht näher ausführen.)

Natürlich gibt es auch Funktionen, die von mehr Variablen als einer (z. B. derjenigen der Zeit) abhängen. Überlegungen zu dieser Thematik überlassen wir allerdings anderen Kursen.

Unser Ansatz in diesem und dem folgenden Kapitel wird besonders pragmatisch sein, denn gerade als Anfänger auf dem Gebiet der Differenzialgleichungen hilft es mehr, wenn wir die Methode am Beispiel sehen. Wir sind häufig in der luxuriösen Situation, dass bereits dadurch auch prinzipiell klar wird, wie ein Beweis aussehen kann bzw. was das Grundlegende an der verwendeten Methode ist.

10.2 Grundlagen

Wir werden hier mit den allgemeinsten Fällen gewöhnlicher linearer Differenzialgleichungen beginnen. Dies dient dazu, diesen Typ in Zukunft sofort zu erkennen. Das ist wichtig, denn nur bei solchen Differenzialgleichungen greifen unsere Lösungsmethoden. Andere Typen sind meist unvergleichlich komplizierter. Beim ersten Teil der Definition werden wir bereits bekannte Elemente der Linearen Algebra verwenden, um eine kompakte Formulierung zu ermöglichen. Bitte beachten Sie, dass bei der Definition unsere y – und auch deren Ableitungen – nirgends mit Potenzen ungleich 1 versehen sind oder gar der Sinus oder ähnliches auf sie wirkt. Sie sind in gewisser Weise nackt. Das macht die Linearität aus. Lassen sie sich nicht von Termen der Art $y^{(k)}$ irritieren. Dies ist nichts weiter als eine Abkürzung für die k-te Ableitung der entsprechenden Funktion, denn wer möchte schon gerne für die dreizehnte Ableitung nach der Zeit dreizehn Punkte über die Funktion schreiben!

Bitte beachten Sie, dass wir im weiteren Text für die gesuchte Funktion mal $y(t)$, $y(x)$ oder z. B. auch $x(t)$ verwenden. Alle möglichen anderen Bezeichnungen sind natürlich auch möglich und werden in der Literatur je nach Bedarf, Lust und Laune verwendet. Wichtig ist jedoch: Unsere Funktionen hängen stets nur von *einer* Variablen ab.

Nachfolgend werden wir die Abkürzung DGL für Differenzialgleichung verwenden.

Definition — **DGL, Differenzialgleichungssystem, Inhomogenität, homogen**

Sei $A(t)$ für jedes $t \in \mathbb{R}$ eine $(n \times n)$-Matrix mit Einträgen aus $\mathbb{K}$. Dann heißt

$$\dot{\vec{y}} = \frac{d\vec{y}}{dt}(t) = A(t)\vec{y}(t) + \vec{b}(t)\,,$$

also

$$\begin{pmatrix} \dot{y}_1(t) \\ \vdots \\ \dot{y}_n(t) \end{pmatrix} = \begin{pmatrix} a_{11}(t) \cdots a_{1n}(t) \\ \vdots \qquad \vdots \\ a_{n1}(t) \cdots a_{nn}(t) \end{pmatrix} \begin{pmatrix} y_1(t) \\ \vdots \\ y_n(t) \end{pmatrix} + \begin{pmatrix} b_1(t) \\ \vdots \\ b_n(t) \end{pmatrix}\,,$$

gewöhnliches lineares Differenzialgleichungssystem erster Ordnung und $\vec{b}(t)$ ist die *Inhomogenität*. Ferner heißt

$$y^{(n)}(t) + a_1(t)y^{(n-1)}(t) + \ldots + a_n(t)y(t) = b(t) \qquad (10.1)$$

gewöhnliche lineare DGL n-ter Ordnung. Ist $\vec{b} = \vec{0}$ bzw. $b = 0$, so heißt das System bzw. die DGL *homogen*.

Die Ableitung eines Vektors (also hier die Ableitung von $\vec{y}(t)$) ist so definiert, dass einfach alle seine Komponenten abgeleitet werden – wir werden dies bald in einem Beispiel sehen. Für höhere Ableitungen ist dies analog definiert.

Bemerkung Eine DGL der zuletzt genannten Form lässt sich stets in ein System wie im ersten Teil der Definition umschreiben, d. h. ein zu 10.1 gehörendes System können wir immer untersuchen, wenn uns dies lieber ist. Wir werden allerdings primär 10.1 selbst betrachten und das zugehörige System erster Ordnung nur aus theoretischen Gründen. Bitte beachten Sie, wo das n vorkommt: Aus der DGL n-ter Ordnung wird ein System erster Ordnung mit n-Zeilen! Es geht also weder etwas verloren, noch kommt etwas dazu. ∎

Natürlich kommen, z. B. in der Regelungstechnik, Systeme von DGLen erster Ordnung vor. Am Ende unserer Überlegungen zu den DGLen werden wir noch ein sehr interessantes Beispiel für ein System erster Ordnung als Ausblick betrachten, allerdings wird dieses nicht linear sein.

10.3 Umschreiben in ein System am Beispiel

Wir haben bereits erwähnt, dass sich lineare gewöhnliche DGLen n-ter Ordnung in ein System erster Ordnung umschreiben lassen. Wir wollen dies hier an einem Beispiel durchführen, denn die vermittelte Grundidee ist so besonders gut erkennbar und lässt sich auf Differenzialgleichungen höherer Ordnung ohne jegliche Probleme verallgemeinern. Wer das Prinzip verstanden hat, wird mit dem Verallgemeinern keine Probleme mehr haben.

Seien $a, b \in \mathbb{R}$ und sei als Differenzialgleichung

$$\ddot{x}(t) + a\dot{x}(t) + bx(t) = 0$$

gegeben. Schreiben wir nun $x =: y_1$ und $\dot{x} =: y_2$ als die Komponenten eines Vektors

$$\vec{y}(t) = \begin{pmatrix} y_1(t) \\ y_2(t) \end{pmatrix} = \begin{pmatrix} x(t) \\ \dot{x}(t) \end{pmatrix}$$

und leiten diesen ab, so erhalten wir

$$\dot{\vec{y}} = \begin{pmatrix} \dot{y}_1 \\ \dot{y}_2 \end{pmatrix} = \begin{pmatrix} \dot{x} \\ \ddot{x} \end{pmatrix} = \begin{pmatrix} \dot{x} \\ -a\dot{x} - bx \end{pmatrix} .$$

Dies formen wir weiter so um, dass ein Differenzialgleichungssystem für $\vec{y}$ entsteht

$$\dot{\vec{y}} = \begin{pmatrix} y_2 \\ -ay_2 - by_1 \end{pmatrix} = \begin{pmatrix} 0 & 1 \\ -b & -a \end{pmatrix} \begin{pmatrix} y_1 \\ y_2 \end{pmatrix} = A\vec{y} .$$

Nach diesem Muster wird das immer gemacht.

Bemerkung Die hier behandelte DGL ist nicht einfach ausgedacht, sie hat eine tiefere Bedeutung. DGLen wie diese, also zweiter Ordnung, beschreiben Schwingungsphänomene. Ferner ist erkennbar, dass sie einen Term ohne Ableitung, einen mit erster Ableitung und einen mit zweiter Ableitung enthält, jeweils mit einem konstanten Faktor davor, der bei $\ddot{x}(t)$ einfach 1 ist. Nach dem, was wir bereits in der Motivation gesehen haben, sind also in dieser DGL Beschleunigung ($\ddot{x}(t)$), Geschwindigkeit ($\dot{x}(t)$) und Ort ($x(t)$) enthalten. Dies passt z. B. sehr gut auf ein Federpendel, bei dem gerade diese Größen bestimmend sind: Die Masse am Ende eines Federpendels wird nämlich beschleunigt, hat eine bestimmte Geschwindigkeit und der Ort wird durch die jeweilige Auslenkung beschrieben.

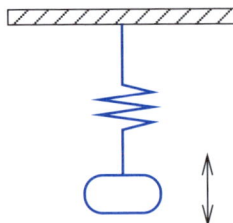

Wundern Sie sich darüber, dass die Masse, m genannt, gar nicht in der Gleichung vorkommt? Sie ist aber doch da, wenn auch verborgen. Wir hätten nämlich auch

$$m\ddot{x}(t) + \tilde{a}\dot{x}(t) + \tilde{b}x(t) = 0$$

für obige DGL schreiben können, woraus dann nach dem Teilen durch $m \neq 0$ die obige Gleichung entsteht mit $a = \frac{\tilde{a}}{m}$ und $b = \frac{\tilde{b}}{m}$. Nach unserer Definition am Anfang dieses Kapitels wollten wir aber vor der höchsten Ableitung eine 1 haben. Wenn nicht, so haben wir hier gesehen, passiert auch nichts Schlimmes, wir können ja ohne Probleme die gesamte DGL durch den Faktor vor der höchsten Ableitung teilen und haben dann die gewünschte Form. ■

10.4 Wesentliche Fragestellungen

Nachdem sich die DGLen nun erstmals in Ihr Leben gedrängt haben und Sie auch wissen, wozu diese gut sind, wollen wir nun einige Fragen aufwerfen, die eigentlich zwingend sind. Dies insbesondere, wenn wir an die DGLen als Beschreibung von Vorgängen in Natur und Technik denken. (Dabei sei bemerkt, dass in innermathematischen Problemen auch wahrlich furchtbare DGLen auftauchen können.)

Wir stehen vor folgenden wesentlichen Fragen:

■ Wie ist die Beschreibung eines Vorgangs durch eine DGL bzw. ein System (diese Beschreibung steht ganz am Anfang und ist die wesentliche Vorleistung des Intellekts)?

■ Existieren überhaupt Lösungen?

■ Unter welchen Voraussetzungen sind diese Lösungen eindeutig?

■ Welche Eigenschaften haben die Lösungen?

Wir werden, zumindest für den Typ der gewöhnlichen linearen DGLen, einige Antworten geben, wenn diese auch zumeist nicht durch einen Beweis begründet werden.

10.5 Lösen durch Integration

Wir betrachten ein – bedeutendes aber zugleich einfaches – Beispiel. Es repräsentiert die Art gewöhnlicher DGLen, welche sich durch Integration lösen lassen. Das ist so ziemlich das Beste, was uns passieren kann.

▶ Beispiel

Betrachte $F = m \cdot a = m \cdot \ddot{x}$ (Newton im einfachen Fall) bzw. $\ddot{x} = \frac{F}{m}$ in der bisher verwendeten Schreibweise für DGLen. Wir nehmen an, dass F und m zeitlich konstant sind. Durch Integration erhalten wir

$$\dot{x} = \frac{F}{m}t + v_0 \, .$$

Eine weitere Integration liefert

$$x = \frac{F}{2m}t^2 + v_0 t + x_0 \, .$$

Es klappt somit alles ganz einfach, wenn nur die Funktion, mit welcher Ableitung auch immer, isoliert vorkommt. Sie sehen an der Rechnung oben, dass die Intergration unbestimmt ist. Klar, wir haben ja keine Grenzen gegeben. Dadurch taucht allerdings stets eine Integrationskonstante auf, die wohl beachtet werden muss. Wird diese vergessen, leidet auch der physikalische Inhalt gewaltig. So haben wir nach der ersten Integration v_0 für die Anfangsgeschwindigkeit und im nächsten Schritt x_0 für den Ort, um zu berücksichtigen, dass sich unser Probeteilchen der Masse m an einem beliebigen Ort befinden kann. Ohne diese Integrationskonstanten wäre die Beschreibung einer möglichen Realität also unvollständig. Sie sehen daher, wie gut die Mathematik über die Realität Bescheid weiß.

10.6 Standardlösungsansatz I

Wir betrachten nun, bevor wir noch tiefer in die Theorie gehen, *die* Lösungsmethode für gewöhnliche, lineare DGLen mit konstanten Koeffizienten, welche homogen sind.

Dies zeigen wir beispielhaft für eine DGL dritter Ordnung

$$y'''(x) + a_1 y''(x) + a_2 y'(x) + a_3 y(x) = 0 \, ,$$

allerdings ist das Verfahren für alle Ordnungen $n \in \mathbb{N}$ gleich. Als Ansatz verwenden wir den so genannten *Exponentialansatz*

$$y(x) = e^{\lambda x} \, , \quad \lambda \in \mathbb{C} \, .$$

Dieser, in die DGL eingesetzt, liefert

$$\lambda^3 e^{\lambda x} + a_1 \lambda^2 e^{\lambda x} + a_2 \lambda e^{\lambda x} + a_3 e^{\lambda x} = 0 \, .$$

Nach Division durch $e^{\lambda x}$ – dies ist erlaubt, da $e^{\lambda x}$ nie Null werden kann – erhalten wir das so genannte *charakteristische Polynom* der DGL auf der linken Seite:

$$\lambda^3 + a_1 \lambda^2 + a_2 \lambda + a_3 = 0 \, .$$

Im Komplexen hat ein Polynom 3. Grades genau drei Nullstellen λ_1, λ_2 und $\lambda_3 \in \mathbb{C}$. Lösungen der betrachteten DGL sind demnach

$$y_1 = e^{\lambda_1 x} \, , \quad y_2 = e^{\lambda_2 x} \, , \quad y_3 = e^{\lambda_3 x} \, .$$

Setzen wir also eine der Funktionen in die DGL ein, bekommen wir auf der rechten Seite tatsächlich Null als Ergebnis. Die auf diese Weise erhaltenen Funktionen sind sogar linear unabhängig, wobei wir zur linearen Unabhängigkeit von Funktionen später noch mehr sagen werden.

Bemerkung   Die Bezeichnung *charakteristisches Polynom* ist bereits bei der Berechnung von Eigenwerten aufgetaucht. Die doppelte Verwendung der Bezeichnung ist nicht zufällig; für einen tieferen Einblick empfehlen wir Ihnen die Aufgabe 4 zu diesem Kapitel. ■

Nun kommen wir zu einem sehr wichtigen Punkt: Die Ableitung war nach unseren Überlegungen eine lineare Abbildung. D. h. im vorliegenden Fall der homogenen DGL, dass auch Linearkombinationen der drei Lösungen wieder Lösungen sein müssen:

$$y_H(x) = c_1 e^{\lambda_1 x} + c_2 e^{\lambda_2 x} + c_3 e^{\lambda_3 x} \, .$$

Das gleiche Prinzip kennen wir bereits von homogenen linearen Gleichungssystemen. Entsprechend haben wir die Lösung y_H genannt, weil es sich um die allgemeine Lösung der *homogenen* DGL handelt.

Bemerkung   Wir gingen hier davon aus, dass für unser charakteristisches Polynom wirklich nur Nullstellen mit der Vielfachheit 1 vorkommen. Das muss jedoch nicht sein. Die Lösungen sehen dann etwas komplizierter aus. Wir kommen später auf diesen Fall zurück und liefern eine Lösung. ■

Wir formulieren die zugehörige Theorie in einem Satz. Dieser gilt sogar für die behandelten DGLen, wenn die Koeffizienten *nicht* konstant sind. Um die Vertrautheit mit allen Formulierungen gewöhnlicher linearer Differenzialgleichungen zu fördern, wird der Satz unter Verwendung von Differenzialgleichungssystemen aufgeschrieben. Wir erinnern uns, dass sich jede Differenzialgleichung n-ter Ordnung als System aus n Gleichungen erster Ordnung schreiben lässt.

> **Satz** Der Lösungsraum des homogenen Differenzialgleichungssystems
>
> $$\dot{\vec{y}} = A(t)\vec{y}, \qquad A(t) \in M(n \times n, \mathbb{C}) \quad \text{(nicht die Nullmatrix)}$$
>
> ist ein Vektorraum der Dimension n, d. h.
>
> - Linearkombinationen von Lösungen sind wieder Lösungen;
> - es gibt n linear unabhängige Lösungen;
> - sind $\vec{y}_1, ..., \vec{y}_n$ linear unabhängige Lösungen, so hat jede weitere Lösung die Gestalt $c_1\vec{y}_1 + ... + c_n\vec{y}_n$.

Bemerkung $\vec{y}_1, ..., \vec{y}_n$ bilden eine so genannte *Lösungsbasis* (auch *Fundamentalsystem* genannt). Wir betonen, dass sich nichts ändert, wenn wir anstatt des Systems direkt eine DGL der Ordnung n betrachten. Es kommen dann einfach keine Vektoren mehr vor und wir haben n linear unabhängige $y_1, ..., y_n$. Wenn wir demnach mal mehr oder weniger linear unabhängige Lösungen finden als es durch die Ordnung der DGL garantiert wird, haben wir mit Sicherheit etwas falsch gemacht oder übersehen! Über die bereits mehrfach erwähnte lineare Unabhängigkeit von Funktionen informiert uns später der so genannte *Wronski-Test*. ■

▶ Beispiel

Wir untersuchen hier

$$\ddot{y}(t) + 5\dot{y}(t) + 2y(t) = 0.$$

Diese DGL ist linear, homogen und hat nur konstante Koeffizienten, sie kann durch den Exponentialansatz gelöst werden. Es folgt (mit $\frac{d^2}{dt^2}$ für die zweite Ableitung nach der Zeit)

$$\frac{d^2}{dt^2}(e^{\lambda t}) + 5\frac{d}{dt}(e^{\lambda t}) + 2e^{\lambda t} = 0$$

$$\Rightarrow \quad \lambda^2 e^{\lambda t} + 5\lambda e^{\lambda t} + 2e^{\lambda t} = 0.$$

Teilen durch $e^{\lambda t}$ ergibt

$$\lambda^2 + 5\lambda + 2 = 0$$

und Auflösen liefert

$$\lambda_1 = \frac{1}{2}\left(-5 + \sqrt{17}\right)$$

$$\lambda_2 = \frac{1}{2}\left(-5 - \sqrt{17}\right).$$

Die allgemeine Lösung y_H folgt dann wieder aus dem Bilden aller Linear-kombinationen der beiden Lösungen:

$$y_H = c_1 e^{\frac{1}{2}\left(-5+\sqrt{17}\right)t} + c_2 e^{\frac{1}{2}\left(-5-\sqrt{17}\right)t} \, .$$

Was passiert aber nun bei *inhomogenen* DGLen? Diese erscheinen in der Praxis sehr häufig. Denken Sie z. B. an einen Schwingkreis, der in jedem Radio und jeder Quarzuhr vorhanden ist, um nur wenige Beispiele zu nennen. Dieser wird durch eine Differenzialgleichung zweiter Ordnung beschrieben und der Schwingkreis wird z. B. durch den aus der Physik sicher bekannten Term $\sin(\omega t)$ angeregt, wobei ω die Kreisfrequenz bezeichnet. Wir haben dann eine DGL der Form

$$\ddot{x}(t) + a\dot{x}(t) + bx(t) = \sin(\omega t) \, .$$

Satz   Sei $\vec{y}_P$ eine Lösung der inhomogenen DGL

$$\dot{\vec{y}} = A(t)\vec{y} + \vec{b}(t)$$

und $\vec{y}_H$ die allgemeine Lösung der zugehörigen homogenen DGL

$$\dot{\vec{y}} = A(t)\vec{y} \, .$$

Dann ist die allgemeine Lösung dieser inhomogenen DGL gegeben durch

$$\vec{y} = \vec{y}_H + \vec{y}_P \, .$$

$\vec{y}_P$ wird auch *partikuläre* oder *spezielle Lösung* genannt.

Bemerkung   Auch hier können wir wieder die zum System führende DGL der Ordnung n betrachten und erhalten $y = y_H + y_P$. ■

10.7 Aufgaben

1 Schreiben Sie jeweils die Differenzialgleichung in ein System 1. Ordnung um.

(a) $y' = e^{x-x_0}(y'' - y) + (x - x_0)^2 y$;

(b) $x^2 \left(y + y' + y'' + y'''\right) = 1$.

2 Betrachten Sie die Differenzialgleichung

$$y'' + y' = 0 \, .$$

(a) Um welche Art von Differenzialgleichung handelt es sich und was können Sie bereits über die Menge ihrer Lösungen sagen?

(b) Finden Sie eine Lösungsbasis der DGL und nennen Sie den gesamten Lösungsraum.

3 Betrachten Sie die Differenzialgleichung

$$y' + y = e^x .$$

(a) Um welche Art von Differenzialgleichung handelt es sich und was können Sie bereits über die Menge ihrer Lösungen sagen?

(b) Finden Sie die allgemeine Lösung der *homogenen* DGL.

(c) Erraten Sie eine Lösung der inhomogenen DGL und nennen Sie ihren gesamten Lösungsraum.

4 Betrachten Sie die DGL $y'' + ay' + by = 0$ mit Konstanten a und b.

(a) Berechnen Sie das charakteristische Polynom dieser DGL.

(b) Formen Sie die DGL in ein System der Gestalt $\vec{y}\,' = A\vec{y}$ um und berechnen Sie dann das charakteristische Polynom der Matrix A.

Was fällt Ihnen dabei auf?

10.8 Lösungen

1 (a)
$$y' = e^{x-x_0}(y'' - y) + (x - x_0)^2 y$$

$$\Leftrightarrow \quad y'' = e^{x_0-x}y' + \left(1 - e^{x_0-x}(x_0 - x)^2\right)y$$

$$\Rightarrow \quad \begin{pmatrix} y \\ y' \end{pmatrix}' = \begin{pmatrix} y' \\ y'' \end{pmatrix} = \begin{pmatrix} 0 & 1 \\ 1 - e^{x_0-x}(x_0 - x)^2 & e^{x_0-x} \end{pmatrix}\begin{pmatrix} y \\ y' \end{pmatrix}$$

(b)
$$x^2\,(y + y' + y'' + y''') = 1$$

$$\Leftrightarrow \quad y''' = -y'' - y' - y + \tfrac{1}{x^2}$$

$$\Rightarrow \quad \begin{pmatrix} y \\ y' \\ y'' \end{pmatrix}' = \begin{pmatrix} y' \\ y'' \\ y''' \end{pmatrix} = \begin{pmatrix} 0 & 1 & 0 \\ 0 & 0 & 1 \\ -1 & -1 & -1 \end{pmatrix}\begin{pmatrix} y \\ y' \\ y'' \end{pmatrix} + \begin{pmatrix} 0 \\ 0 \\ x^{-2} \end{pmatrix}$$

2 (a) Es handelt sich um eine gewöhnliche, lineare, homogene DGL 2. Ordnung und der Lösungsraum ist ein zweidimensionaler Vektorraum.

(b) Der Ansatz $y(x) = e^{\lambda x}$, $y'(x) = \lambda e^{\lambda x}$, $y''(x) = \lambda^2 e^{\lambda x}$ liefert nach dem Einsetzen in die DGL:

$$e^{\lambda x}(\lambda^2 + \lambda) = 0$$

$$\Rightarrow \quad \lambda_1 = 0, \quad \lambda_2 = -1$$

$$\Rightarrow \quad \{y_1(x) = e^{\lambda_1 x} = 1, \quad y_2(x) = e^{\lambda_2 x} = e^{-x}\} \text{ ist Lösungsbasis.}$$

Lösungsraum ist $L = \{a + be^{-x} \mid a, b \in \mathbb{R}\}$.

3 (a) Es handelt sich um eine gewöhnliche, lineare, inhomogene DGL 1. Ordnung. Der Lösungsraum hat die Form $y(x) = y_H(x) + y_P(x)$, wobei y_H die allgemeine Lösung der homogenen DGL ist (ein eindimensionaler Vektorraum) und y_P eine partikuläre Lösung der inhomogenen DGL.

(b) Der Ansatz $y(x) = e^{\lambda x}$ führt, eingesetzt in die homogene DGL, zur Gleichung

$$e^{\lambda x}(\lambda + 1) = 0,$$

was $\lambda = -1$ impliziert. Also ist $y_H(x) = ae^{-x}$ die allgemeine Lösung der homogenen DGL.

(c) Eine spezielle Lösung der inhomogenen DGL ist $y_P(x) = \frac{1}{2}e^x$. Der gesamte Lösungsraum ergibt sich damit zu $\{ae^{-x} + \frac{1}{2}e^x \mid a \in \mathbb{R}\}$.

4 (a) Das charakteristische Polynom der DGL erhalten wir durch Einsetzen des Exponentialansatzes in die DGL:

$$\lambda^2 + a\lambda + b.$$

(b) In ein System 1. Ordnung umgeformt lautet die DGL

$$\begin{pmatrix} y \\ y' \end{pmatrix}' = \begin{pmatrix} 0 & 1 \\ -b & -a \end{pmatrix} \begin{pmatrix} y \\ y' \end{pmatrix}.$$

Das charakteristische Polynom der Matrix ist

$$\begin{vmatrix} 0 - \lambda & 1 \\ -b & -a - \lambda \end{vmatrix} = -\lambda(-a - \lambda) - (-b) = \lambda^2 + a\lambda + b.$$

Beide Polynome sind gleich.

Differenzialgleichungen II

11

ÜBERBLICK

11.1 Motivation

Sie sind sicher bereits davon überzeugt, dass Differenzialgleichungen etwas Schönes und Nützliches sind. Einfache Fälle können Sie sogar schon lösen. Daher ist die Motivation hiermit beendet und wir wollen uns nochmals etwas von dem vor Augen führen, was wir bisher gelernt haben und dringend behalten sollten:

1. Die von uns behandelten DGLen haben die Form

$$y^{(n)}(t) + a_1(t)y^{(n-1)}(t) + \ldots + a_n(t)y(t) = b(t)\,. \qquad (11.1)$$

2. Diese lassen sich stets in ein System der Gestalt

$$\dot{\vec{y}}(t) = A(t)\vec{y}(t) + \vec{b}(t) \qquad (11.2)$$

   mit $A(t) \in M(n \times n, \mathbb{C})$ umschreiben.

3. Für 11.1 bzw. 11.2 verspricht uns die Theorie im homogenen Fall genau n linear unabhängige Lösungen.

4. DGLen vom Typ 11.1 sind im Fall konstanter Koeffizienten mit dem Ansatz

$$y(t) = e^{\lambda t} \qquad \text{(Exponentialansatz)}$$

   zu lösen.

5. Kommt in einer DGL nur die gesuchte Funktion in n-ter Ableitung vor, so erhalten wir $y(t)$ durch n-faches Integrieren (z. B. $F = m\ddot{x}(t)$).

11.2 Standardlösungsansatz II

Zuvor haben wir bemerkt, dass es auch Fälle gibt, bei denen es in gewisser Weise nicht genügend Nullstellen des charakteristischen Polynoms gibt. Damit ist gemeint, dass Nullstellen mehrfach vorkommen. Dies ist z. B. dann der Fall, wenn das charakteristische Polynom $(\lambda - 1)^2$ wäre, bei dem dann $\lambda_1 = 1$ eine doppelte Nullstelle sein würde. Bei dieser Problematik hilft der folgende Satz, den wir im Anschluss insbesondere deshalb beweisen, weil Ideen aus der Linearen Algebra eingehen, die wir bereits kennen.

> **Satz**   Ist λ_1 eine k-fache Nullstelle des charakteristischen Polynoms, welches nach Einsetzen von $y(t) = e^{\lambda t}$ in die zu betrachtende DGL entsteht, so sind die Funktionen
>
> $$y_1 = e^{\lambda_1 t}\,, \; y_2 = te^{\lambda_1 t}\,, \; \ldots, \; y_k = t^{k-1}e^{\lambda_1 t}$$
>
> linear unabhängige Lösungen von 11.1.

Den Beweis dieses Satzes teilen wir in zwei Teile auf: die lineare Unabhängigkeit und die Lösungseigenschaft.

■ Sei $c_0 e^{\lambda_1 t} + c_1 t e^{\lambda_1 t} + \ldots + c_k t^k e^{\lambda_1 t} = 0$. Diese Gleichung ist äquivalent zu $c_0 + c_1 t + \ldots + c_k t^k = 0$. Da dieses Polynom höchstens m Nullstellen hat, diese Gleichung aber für alle t gelten muss, folgt $c_0 = \ldots = c_m = 0$. Also sind $e^{\lambda_1 t}, \ldots, t^k e^{\lambda_1 t}$ linear unabhängig.

■ Zur besseren Übersicht bei den folgenden Rechnungen nehmen wir das Bilden der Ableitung als lineare Abbildung D wahr:

$$D: y \mapsto \dot{y}, \quad D - \lambda: y \mapsto \dot{y} - \lambda y.$$

Dann ist $D^j y = y^{(j)}$ und unsere DGL wird zu

$$D^n y + a_1 D^{n-1} y + \ldots + a_{n-1} D y + a_n y =$$
$$(D^n + a_1 D^{n-1} + \ldots + a_{n-1} D + a_n) y = 0.$$

Das charakteristische Polynom der DGL kann nach der Voraussetzung des Satzes in

$$\lambda^n + a_1 \lambda^{n-1} + \ldots + a_{n-1} \lambda + a_n = (\lambda - \lambda_1)^k (\lambda - \lambda_2) \ldots (\lambda - \lambda_m)$$

zerlegt werden. Die gleiche Zerlegung können wir auf den DGL-Ausdruck übertragen:

$$D^n + a_1 D^{n-1} + \ldots + a_{n-1} D + a_n = (D - \lambda_1)^k (D - \lambda_2) \ldots (D - \lambda_m),$$

sodass die DGL nun

$$(D - \lambda_1)^k (D - \lambda_2) \ldots (D - \lambda_m) y = 0$$

lautet. Wir berechnen nun exemplarisch $(D - \lambda_1)^k y_k$, woraus klar wird, was der Ausdruck selbst ergibt:

$$(D - \lambda_1)(t^{k-1} e^{\lambda_1 t}) = (k-1) t^{k-2} e^{\lambda_1 t} + t^{k-1} \lambda_1 e^{\lambda_1 t} - \lambda_1 t^{k-1} e^{\lambda_1 t}$$
$$= (k-1) t^{k-2} e^{\lambda_1 t},$$
$$(D - \lambda_1)^2 (t^{k-1} e^{\lambda_1 t}) = (D - \lambda_1)((k-1) t^{k-2} e^{\lambda_1 t})$$
$$= (k-2)(k-1) t^{k-3} e^{\lambda_1 t}$$

und schließlich

$$(D - \lambda_1)^{k-1} (t^{k-1} e^{\lambda_1 t}) = 1 \cdot 2 \cdot \ldots \cdot (k-2)(k-1) t^0 e^{\lambda_1 t}$$
$$= c e^{\lambda_1 t},$$
$$(D - \lambda_1)^k (t^{k-1} e^{\lambda_1 t}) = (D - \lambda_1)(c e^{\lambda_1 t})$$
$$= 0.$$

Die zusätzlichen Faktoren $(D - \lambda_2)$ bis $(D - \lambda_m)$ werden an diesem Ergebnis nichts ändern, womit wir y_k als Lösung identifiziert hätten. Ist der Exponent des Faktors t kleiner als $k-1$, so wird der Ausdruck nur noch schneller Null, womit auch die Lösungseigenschaft der anderen y_j gezeigt wäre.

11.3 Finden einer partikulären Lösung

Die in der Überschrift formulierte Frage gilt es zu beantworten. Es gibt dazu mehrere Verfahren und einige Tricks, wir werden uns hier mit einem einfach zu durchschauenden Verfahren vertraut machen, welches allerdings sehr wirkungsvoll ist. Es wird als *intelligentes Raten* oder auch *Ansatz vom Typ der rechten Seite* bezeichnet. Zuvor erinnern wir uns noch an das, was gesucht wird: Die Lösung einer inhomogenen DGL hatte die Form

$$y = \underbrace{y_H}_{\text{allg. homog. Lsg.}} + \underbrace{y_P}_{\text{eine partik. Lsg.}} .$$

Die allgemeine homogene Lösung können wir bereits finden; widmen wir uns daher der Suche nach y_P.

Betrachten wir wieder die DGL 11.1 mit konstanten Koeffizienten, so lässt sich Folgendes beobachten:

Setzen wir in die linke Seite von 11.1 die folgenden Formen für $y(t)$ ein

- Polynom $p(t)$,
- $p(t)e^{rt}$,
- $p(t)\sin t$ oder $p(t)\cos t$,

so ergibt sich als Resultat wieder eine derartige Form. Entspricht also $b(t)$ in 11.1 selbst einer dieser Formen, so setzen wir $y(t)$ gleichfalls so an.

▶ Beispiel

Für eine partikuläre Lösung der DGL $\ddot{y} - y = t$ verwenden wir als Ansatz ein allgemeines Polynom ersten Grades

$$y(t) = at + b, \quad \dot{y} = a, \quad \ddot{y} = 0.$$

Einsetzen in die DGL ergibt

$$0 - (at + b) = t,$$

somit ist $a = 1$ und $b = 0$ und

$$y_P(t) = t$$

ist eine partikuläre Lösung.

11.4 Anfangswertprobleme

Betrachten wir ein Pendel, so hängt seine Position nach einer Zeit t mit Sicherheit auch davon ab, welche Anfangsgeschwindigkeit und Position es zum Start gehabt hat. Wir benötigen somit offensichtlich weitere Informationen, wenn wir eine Lösung einer DGL – welche unser Problem beschreibt – geeignet angeben wollen. Denken wir erneut an die Schwingungsgleichung, so enthält die allgemeine homogene Lösung die beiden Konstanten c_1 und c_2. Möchten wir diese bestimmen, so benötigen wir dafür zwei geeignete Gleichungen. Diese liefert gerade die Festlegung von zwei Anfangswerten.

Definition **Anfangswertproblem, AWP**

Sei wie zuvor

$$\dot{\vec{y}}(t) = A(t)\vec{y}(t) + \vec{b}(t)$$

gegeben. Sei ferner für $t_0 \in \mathbb{R}$

$$\vec{y}(t_0) = \vec{y}_0$$

gegeben. Wir sprechen insgesamt von einem *Anfangswertproblem (AWP)*.

Satz Wenn nun $A(t)$ und $\vec{b}(t)$ auf einem Intervall $I \subseteq \mathbb{R}$ ausschließlich stetige Einträge $a_{ij}(t)$ und $b_i(t)$ haben und $t_0 \in I$ ist, so hat das AWP für jedes $\vec{y}_0$ genau eine auf ganz I definierte Lösung.

Bemerkung In der homogenen Lösung der DGL tauchten Konstanten $c_1, ..., c_n$ auf. Diese werden nun durch $\vec{y}_0$ bestimmt. Daher wird als Ergebnis eine eindeutige Lösung gefunden. Die Theorie wurde wieder für Systeme erster Ordnung angegeben. Alles gilt aber natürlich auch für die von uns behandelten DGLen n-ter Ordnung. ■

▶ Beispiel

Wir betrachten die Differenzialgleichung

$$\ddot{y}(t) + \omega^2 y(t) = 0 \,.$$

Der Exponentialansatz liefert:

$$\frac{d^2}{dt^2}(e^{\lambda t}) + \omega^2 e^{\lambda t} = 0$$

$$\Leftrightarrow \quad \lambda^2 e^{\lambda t} + \omega^2 e^{\lambda t} = 0$$

$$\Leftrightarrow \quad \lambda^2 + \omega^2 = 0$$

$$\Leftrightarrow \quad \lambda = \pm i\omega \,.$$

Wir betrachten die folgenden Anfangsbedingungen:

$$t_0 = 0, \ y(0) = 1, \ \dot{y}(0) = 0 \ .$$

Nach obiger Rechnung haben wir als Lösung

$$y(t) = Ae^{i\omega t} + Be^{-i\omega t} \ ,$$

also

$$y(0) = A + B = 1$$

und

$$\dot{y}(0) = i\omega Ae^{i\omega 0} - i\omega Be^{-i\omega 0} = 0 \ ,$$

damit $A - B = 0$. Insgesamt folgt also $A = B = \frac{1}{2}$ und daraus:

$$\begin{aligned} y(t) &= \frac{1}{2}e^{i\omega t} + \frac{1}{2}e^{-i\omega t} \\ &= \frac{1}{2}\cos\omega t + \frac{1}{2}i\sin\omega t + \frac{1}{2}\cos\omega t - \frac{1}{2}i\sin\omega t \\ &= \cos\omega t \ . \end{aligned}$$

Im letzten Teil der Rechnung verwendeten wir die so genannte *Euler-Formel*

$$e^{i\alpha} = \cos\alpha + i\sin\alpha \ .$$

11.5 Wronski-Test

Bei den Lösungen einer DGL n-ter Ordnung wissen wir, dass n linear unabhängige Lösungen zu erwarten sind. Der Nachweis der linearen Unabhängigkeit lässt sich direkt nach der Definition machen, allerdings ist das meist etwas mühsam. Daher gibt es einen schönen Test, den wir nun vorstellen.

Satz Seien $y_1, \ldots, y_n$ auf dem Intervall I mindestens $(n-1)$ mal differenzierbar und sei $x_0 \in I$. Sind die Vektoren

$$\begin{pmatrix} y_1(x_0) \\ y_1'(x_0) \\ \vdots \\ y_1^{(n-1)}(x_0) \end{pmatrix}, \ \ldots, \ \begin{pmatrix} y_n(x_0) \\ y_n'(x_0) \\ \vdots \\ y_n^{(n-1)}(x_0) \end{pmatrix}$$

linear unabhängig bzw. die Determinante der $(n \times n)$-Matrix

$$W := \begin{pmatrix} y_1(x_0) & \cdots & y_n(x_0) \\ y_1'(x_0) & \cdots & y_n'(x_0) \\ \vdots & & \vdots \\ y_1^{(n-1)}(x_0) & \cdots & y_n^{(n-1)}(x_0) \end{pmatrix}$$

ungleich Null, so sind die Funktionen $y_1, ..., y_n$ auf I linear unabhängig. Die aus den Vektoren gebildete Matrix W heißt *Wronski-Matrix*.

Wir beweisen den Satz nicht an dieser Stelle. Der Beweis verwendet nochmals einige schöne Ideen, mit denen wir bereits vertraut sind. Daher wird er als Übungsaufgabe gestellt, wobei wir natürlich auch hier wieder eine Lösung liefern.

Bemerkung Bitte beachten Sie, dass das x_0 eine besondere Rolle spielt, die häufig falsch verstanden wird. Es kann nämlich durchaus vorkommen, dass ein x_0 so gewählt wird, dass die Vektoren im Satz linear abhängig sind. Das macht erstmal nichts. Wichtig ist nur und dies reicht dann als Nachweis, dass ein x_0 gefunden werden kann, für welches die Vektoren linear unabhängig sind, und dieses muss nun nicht das sein, was uns zuerst in den Sinn kommt. ∎

▶ Beispiel

Seien $y_1(x) = \sin x$ und $y_2(x) = \cos x$.

$$\begin{vmatrix} y_1(x) & y_2(x) \\ y_1'(x) & y_2'(x) \end{vmatrix} = \begin{vmatrix} \sin x & \cos x \\ \cos x & -\sin x \end{vmatrix} = -\sin^2(x) - \cos^2(x) = -1 \neq 0 \,.$$

Somit sind die Funktionen $\sin x$ und $\cos x$ linear unabhängig. Dafür hätte allerdings ein einziges x_0, an dem die Determinante ungleich Null ist, ausgereicht. Ein Beispiel wäre hier $x_0 = 0$.

Sie werden ein wenig traurig sein, aber gleich ist unsere gemeinsame Reise am Ende. Schön, dass Sie so tapfer gefolgt sind. Als Finale wollen wir aber noch den Blick hinter den Horizont der Welt der linearen DGLen werfen. Der folgende Teil behandelt in elementarer Weise in Form von DGLen das Verhalten eines Systems, in welchem sich eine Beute- (z. B. Kaninchen, mit $x(t)$ bezeichnet) und eine Räuberpopulation (z. B. Füchse, mit $y(t)$ bezeichnet) begegnen. Die Kaninchen werden sich munter vermehren, wenn sie ordentlich

Futter haben und sie keiner daran hindert. Das Wachstum ist dann exponentiell, genügt also der Differenzialgleichung

$$\dot{x}(t) = wx(t) \, ,$$

wobei w eine Konstante ist, die als Wachstumsrate beschrieben werden kann. Kommen nun Füchse ins Spiel, werden diese sich das eine oder andere Kaninchen zu Gemüte führen, was eine Verminderung von $x(t)$ zur Folge hat, welche direkt mit der Anzahl der Begegnungen mit den Räubern zusammenhängt. Dies schlägt sich in folgender DGL nieder:

$$\dot{x}(t) = wx(t) - bx(t)y(t) \, .$$

Die Konstante b spiegelt dabei die Häufigkeit der Begegnungen zwischen Kaninchen und Füchsen wider. Nun kann es aber passieren, dass sich die Kaninchen z. B. selbst in Rangkämpfe verstricken, wodurch es Todesfälle geben kann; dies führt dann unter Verwendung der Konstanten d zur DGL

$$\dot{x}(t) = wx(t) - bx(t)y(t) - dx^2(t) \, ,$$

denn es begegnen sich Kaninchen untereinander, und d gibt Auskunft darüber, wie gefährlich sie für einander sind. Nun ist es kein Problem mehr, die entsprechende DGL für die Fuchspopulation aufzustellen:

$$\dot{y}(t) = -\tilde{w}y(t) + \tilde{b}x(t)y(t) - \tilde{d}y^2(t) \, .$$

Hier sind $\tilde{w}$, $\tilde{b}$ und $\tilde{d}$ wieder Konstanten, deren Bedeutung klar sein sollte. Der Term $-\tilde{w}x(t)$ ensteht aufgrund der Tatsache, dass die Füchse ohne Nahrung von ihrer Anzahl her exponentiell abnehmen, sich allerdings durch ausreichend Futter vermehren, woraus der Term $\tilde{b}x(t)y(t)$ resultiert. Der letzte Ausdruck erklärt sich wie sein Pendant für die Kaninchen, denn auch Füchse sind nicht immer nett zueinander.

Was fällt uns auf? Beide DGLen enthalten sowohl $x(t)$ als auch $y(t)$, bilden also ein gekoppeltes System. Das hatten wir noch nicht (es ist auch wirklich nicht einfach zu behandeln ...). Des Weiteren tauchen hier Quadrate auf. Die DGLen entsprechen somit gar nicht dem, was bisher behandelt wurde. Wir wollten ja auch über den Horizont hinaus. Sie können diesem Beispiel allerdings noch entnehmen, wie sich DGLen zu Vorgängen aus der Natur finden lassen. Wir haben hier ein so genanntes *Räuber-Beute-System* kennen gelernt. An diesem lassen sich noch viele weitere Dinge über DGLen lernen, aber dies sehen Sie in einer zukünftigen Reise ins Land der Differenzialgleichungen.

11.6 Aufgaben

1 Finden Sie jeweils die allgemeine Lösung folgender homogener DGLen:

(a) $3y'' + 6y' + 3y = 0$,

(b) $y''' - 4y'' + 4y' = 0$,

(c) $y''' - 3y'' + 3y' - 1 = 0$.

2 Finden Sie zu der Differenzialgleichung

$$2y'' + y' + 3y = \sin 2x$$

eine partikuläre Lösung mithilfe des Ansatzes vom Typ der rechten Seite. Wie ist der entsprechende Ansatz bei folgenden rechten Seiten?

(a) $\ldots = x^2 e^{3x}$

(b) $\ldots = 3$

(c) $\ldots = \sin x - 2x \cos x$

3 Lösen Sie folgendes AWP:

$$y'' + 3y' + 2y = 0, \quad y(2) = 3, \ y'(2) = -2.$$

4 Beweisen Sie den Satz zum Wronski-Test aus 11.5.

5 Überprüfen Sie folgende Funktionen auf lineare (Un-)abhängigkeit:

$$f_1(x) = e^x, \quad f_2(x) = e^x \sin x, \quad f_3(x) = e^x \cos x.$$

Zeigen Sie weiterhin, dass die konstante Nullfunktion ($f(x) = 0$ für alle $x \in \mathbb{R}$) zu jeder anderen Funktion linear abhängig ist.

11.7 Lösungen

1 Die charakteristischen Polynome erhalten wir durch Einsetzen des Exponentialansatzes $y(x) = e^{\lambda x}$. Sie und ihre Nullstellen lauten:

(a) $3\lambda^2 + 6\lambda + 3 = 3(\lambda + 1)^2, \quad \lambda_1 = \lambda_2 = -1$,

(b) $\lambda^3 - 4\lambda^2 + 4\lambda = \lambda(\lambda - 2)^2, \quad \lambda_1 = 0, \lambda_2 = \lambda_3 = 2$,

(c) $\lambda^3 - 3\lambda^2 + 3\lambda - 1 = (\lambda - 1)^3, \quad \lambda_1 = \lambda_2 = \lambda_3 = 1$.

Somit erhalten wir als allgemeine Lösungen

(a) $y_H(x) = a e^{-x} + b x e^{-x}$,

(b) $y_H(x) = a + b e^{2x} + c x e^{2x}$,

(c) $y_H(x) = a e^x + b x e^x + c x^2 e^x$.

2 Der entsprechende Ansatz (mit Ableitungen) für $\sin 2x$ als rechte Seite ist

$$y(x) = a \sin 2x + b \cos 2x,$$
$$y'(x) = -2b \sin 2x + 2a \cos 2x,$$
$$y''(x) = -4a \sin 2x - 4b \cos 2x.$$

Eingesetzt in die DGL ergibt sich

$$(-8a - 2b + 3a)\sin 2x + (-8b + 2a + 3b)\cos 2x = \sin 2x\,.$$

Koeffizientenvergleich führt zu den Gleichungen

$$\begin{aligned} -5a - 2b &= 1 \\ 2a - 5b &= 0 \end{aligned} \quad \Leftrightarrow \quad \begin{aligned} a &= -\frac{5}{29} \\ b &= -\frac{2}{29}\,. \end{aligned}$$

Somit ist $y_p(x) = -\frac{5}{29}\sin 2x - \frac{2}{29}\cos 2x$ eine partikuläre Lösung der DGL.

(a) Ansatz $y(x) = (ax^2 + bx + c)e^{3x}$

(b) Ansatz $y(x) = a$

(c) Ansatz $y(x) = (ax + b)\sin x + (cx + d)\cos x$

3 Die DGL $y'' + 3y' + 2y = 0$ kann wieder mit dem Ansatz $y(x) = e^{\lambda x}$ gelöst werden. Für λ ergibt sich die Gleichung (links steht das charakteristische Polynom) $\lambda^2 + 3\lambda + 2 = 0$, also $\lambda_1 = -1$ und $\lambda_2 = -2$. Somit ist die allgemeine Lösung der homogenen DGL

$$y_H(x) = ae^{-x} + be^{-2x}\,.$$

Die Anfangswerte $y(2) = 3$ und $y'(2) = -2$ setzten wir in x_H ein:

$$\begin{aligned} y(2) &= ae^{-2} + be^{-4} = 3\,, \\ y'(2) &= -ae^{-2} - 2be^{-4} = -2\,. \end{aligned}$$

Die eindeutige Lösung des Gleichungssystems ist $a = 4e^2$ und $b = -e^4$. Somit ist die Lösung des AWPs

$$y(x) = 4e^{2-x} - e^{4-2x}\,.$$

4 Wir betrachten zuerst die Linearkombination der Funktionen $y_1, \dots, y_n$

$$\lambda_1 y_1(x) + \dots + \lambda_n y_n(x) = 0\,,$$

die für alle x gelten soll. Für die lineare Unabhängigkeit müssen wir wie üblich zeigen, dass aus dieser Gleichung folgt, dass alle $\lambda_i = 0$ sind. Um eine Beziehung zur Wronski-Matrix zu bekommen, liegt es nahe, diese Gleichung $(n-1)$-mal zu differenzieren:

$$\lambda_1 y_1'(x) + \dots + \lambda_n y_n'(x) = 0,$$
$$\lambda_1 y_1''(x) + \dots + \lambda_n y_n''(x) = 0,$$
$$\vdots$$
$$\lambda_1 y_1^{(n-1)}(x) + \dots + \lambda_n y_n^{(n-1)}(x) = 0\,.$$

Alle diese Gleichungen lassen sich zu einem homogenen Gleichungssystem zusammenfassen

$$
\begin{pmatrix} y_1(x) & \cdots & y_n(x) \\ \vdots & & \vdots \\ y_1^{(n-1)}(x) & \cdots & y_n^{(n-1)}(x) \end{pmatrix} \begin{pmatrix} \lambda_1 \\ \vdots \\ \lambda_n \end{pmatrix} = \begin{pmatrix} 0 \\ \vdots \\ 0 \end{pmatrix},
$$

wobei die Matrix auf der linken Seite gerade die Wronski-Matrix ist.

Sind nun die Spaltenvektoren der Matrix an einer Stelle x_0 linear unabhängig, so hat die Wronski-Matrix maximalen Rang n. Das zuvor aufgestellte LGS besitzt somit die eindeutige Lösung $\lambda_1 = \ldots = \lambda_n = 0$. (Bitte beachten Sie hierzu die erste Bemerkung im Abschnitt 5.4.) Dies bedeutet die lineare Unabhängigkeit der Funktionen $y_1, \ldots, y_n$.

5

$$
\begin{vmatrix} f_1(x) & f_2(x) & f_3(x) \\ f_1'(x) & f_2'(x) & f_3'(x) \\ f_1''(x) & f_2''(x) & f_3''(x) \end{vmatrix} = \begin{vmatrix} e^x & e^x \sin x & e^x \cos x \\ e^x & e^x(\sin x + \cos x) & e^x(\cos x - \sin x) \\ e^x & e^x(2\cos x) & e^x(-2\sin x) \end{vmatrix}
$$

An der Stelle $x = 0$ wird dies zu

$$
\begin{vmatrix} 1 & 0 & 1 \\ 1 & 1 & 1 \\ 1 & 2 & 0 \end{vmatrix} = -1 \neq 0.
$$

Also sind die f_i linear unabhängig.

Achtung: Wäre die Determinante für $x = 0$ Null gewesen, hätte uns das noch nichts über lineare (Un-)Abhängigkeit gesagt, denn für ein anderes x könnte die Determinante wieder ungleich Null sein.

Die konstante Nullfunktion und eine beliebige andere Funktion g sind linear abhängig, denn es gilt

$$
\begin{vmatrix} 0 & g \\ 0 & g' \end{vmatrix} = 0\, g' - g\, 0 = 0
$$

sogar für alle $x \in \mathbb{R}$.

Erste-Hilfe-Kurs

12

ÜBERBLICK

Irgendwann in Laufe eines Semesters schwindet die Freude am Studentenleben und Prüfungen stehen vor der Tür, sei es als Klausur oder als mündliche Prüfung. An vielen Institutionen ist es insbesondere bei den Ingenieuren so, dass zuerst einmal Klausuren geschrieben werden. Wenn Sie dort – hinreichend oft – durchgefallen sind, steht dann meist als letzte Chance eine mündliche Prüfung an. Nachstehend wollen wir darauf eingehen, was Sie machen können, um auch nach der Prüfung und sei es auch die letzte Chance gewesen, mit einem entspannten Lächeln durch die Gegend zu laufen.

Bitte lesen Sie diesen Abschnitt genau, denn wir haben die Erfahrung aus hunderten mündlicher Prüfungen aller Art, durch unsere Klausuren wurden bereits mehrere tausend Studenten geprüft und studiert haben wir ja auch. Wir wissen also, worauf es ankommt und wo die vermeintlichen Fallen sind. Nun genug der strengen Worte, aber unsere Erfahrung zeigt, dass zu viele gute Ratschläge gerne überhört werden, was dann oft zu großer Frustration – oder gar einer Zwangsbeendigung des Studiums – führt, was wir Ihnen sehr gerne ersparen möchten.

Der grundlegende Tipp lautet:

Bereiten Sie sich ordentlich und gewissenhaft vor!

Das klingt vielleicht banal und hat sich im Laufe vieler Studentenleben sicher etwas abgenutzt, wird aber tatsächlich gerne übersehen. Es gibt sehr viele Studenten, die als Löwe mit wenig Vorbereitung (aber viel Selbstvertrauen) in die Prüfung gehen und dann als Maus um eine letzte Chance bitten …

Sie sind selbst in der Lage zu erkennen, ob Sie gut vorbereitet sind! Dazu können Sie sich folgende Fragen stellen:

- Habe ich die Hausaufgaben so gut wie möglich eigenständig gelöst?
- Habe ich Skript und Vorlesungsmitschrift, wenn ja, nur in der Tasche oder aktiv damit gearbeitet?
- Habe ich alte Klausuren aus vorherigen Kursen und Beispielaufgaben zur Vorbereitung gelöst?
- Kann ich Verständnisfragen beantworten, die in einigen Klausuren in einem gesonderten Teil abgefragt werden?
- Kenne ich die Modalitäten für die Prüfung: Wie lange wird geschrieben? Welche Hilfsmittel dürfen verwendet werden? Wie kann ich mich gefahrlos abmelden, wenn ich merke, es nicht zu schaffen oder krank werde? Kann die Prüfung unterbrochen werden, wenn ich nach fünf Minuten merke, dass ich trotz meiner Kenntnisse einen Blackout habe?
- Habe ich mich vorschriftsgemäß für die Prüfung angemeldet. Sie glauben gar nicht, wie viele Studenten eine Prüfung einfach so verbummeln. Und Prüfungsämter sind meist nicht der nette Kumpel, der es Sonderregelungen regnen lässt.

Natürlich, es gibt Prüfungen und Prüfer, die einem gar nicht liegen. So what? Dann nochmal. *Fallen ist keine Schande, aber liegen bleiben.* Die größte Verantwortung liegt bei Ihnen. Lassen Sie sich von (wenn möglich guten) anderen Studenten abfragen und verbringen Sie auch gerne in einer Lerngruppe einige Zeit. Und bitte, fragen Sie die für Ihren Kurs Verantwortlichen aus. Diese haben immer eine Sprechstunde, die ein einzigartiges Angebot für eine Art Gratisfragestunde ist.

12.1 Welcher Prüfer?

Wir betonen: Sie können grundsätzlich davon ausgehen, dass alle Prüfer fair und objektiv sind, das Ergebnis also von Ihnen abhängt. Ja, wir wissen, dass es auch unter uns ein paar schwarze – oder zumindest dunkler erscheinende – Schafe gibt. Wenn Sie eine Klausur schreiben müssen, dann haben Sie zumeist keine Wahl, denn der Chef der Veranstaltung ist für die Klausur verantwortlich. U. a. aus Zeitgründen macht es meist wenig Sinn, einfach ein Semester zu warten, bis ein anderer Chef die Klausur stellt, der könnte Ihnen dann am Ende auch gar nicht liegen … Bei mündlichen Prüfungen ist das anders, da stehen meist mehrere Prüfer zur Verfügung. Dort ist dann gewöhnlich auch ein Beisitzer dabei, der u. a. die abgefragten Themen protokolliert, um gewisse Nachvollziehbarkeit der Prüfung zu gewährleisten. *Niemand, der ordentlich vorbereitet ist, wird durchfallen, auch wenn die studentische Gerüchteküche so etwas behaupten mag.*

Wählen Sie *so früh wie möglich* einen Prüfer aus und gehen in seine Sprechstunde. Achten Sie darauf, ob Sie mit dem Prüfer gut und ungezwungen ins Gespräch kommen (z. B. über den Ablauf der Prüfung) oder ob seine Art die sowieso schon vorhandene Aufgeregtheit in der Prüfung noch verstärken würde.

12.2 Die Vorbereitung

Grundlegende Regeln haben wir bereits oben genannt und gehen daher nochmals gesondert auf den Fall ein, dass Sie ihre letzte Chance wahrnehmen müssen. Nachdem Sie durch die entsprechenden Prüfungsklausuren gefallen sind, gibt Ihnen die mündliche Prüfung nun die Möglichkeit zu zeigen, dass Sie den Stoff doch beherrschen. Fallen Sie auch durch dieses Netz, so ist im Regelfall jeglicher Hochschulstudiengang mit ähnlichen (oder höheren) Mathematikansprüchen in Deutschland verwehrt. Wollen Sie in Ihrem Studiengang bleiben, machen Sie sich bewusst, dass Sie diese Herausforderung meistern müssen und nehmen dies als Motivation, zu lernen wie noch nie zuvor.

Eine mündliche Prüfung ist üblicherweise theoretischer als eine Klausur. *Lernen Sie nach dem Skript und der Vorlesungsmitschrift*, rechnen Sie die

Hausaufgaben noch einmal durch. Je sicherer Sie in dem Prüfungsstoff sind, desto weniger nervös werden Sie später in der Prüfung sein. Im Unterschied zu Klausuren wird neben dem *Rechnen* auch viel Wert auf die Formulierung von *Definitionen* und *Sätzen* sowie auf deren *Anschauung* gelegt.

Nochmals: Gehen Sie oft (und nicht erst in der letzten Woche vor der Prüfung) in die Sprechstunde(n), um Fragen und Verständnisprobleme zu klären. Das hat viele Vorteile:

- Der Prüfer sieht, dass Sie sich Mühe bei der Vorbereitung geben;
- Sie bekommen ein Gefühl dafür, was dem Prüfer wichtig ist;
- die Scheu, mit dem Prüfer zu reden, wird beseitigt.

Wenn es zu der Veranstaltung einen Assistenten gibt, kann dieser mit Ihnen in seiner Sprechstunde sicher gerne eine Prüfung simulieren.

Lassen Sie sich dann in ähnlichem Stil von (mathematisch) fähigen Studenten abfragen. Wählen Sie dafür jemanden, der selbst in dem Thema sicher ist und mit dem die notwendige Disziplin (*nicht* auf die nächste Party zu gehen oder bei einem Bier über den Sinn des Lebens zu philosophieren) aufrecht erhalten werden kann.

12.3 Prüfungsangst?!

Klausuren und mündliche Prüfungen gelten an der Universität und Fachhochschule als eine etablierte Methode der Leistungsermittlung, mit denen jeder Studierende früher oder später konfrontiert wird. Bei vielen Studierenden steigt jedoch die Anspannung in oder vor der Prüfung derart, dass die in der Prüfung erbrachten Leistungen entscheidend verschlechtert werden oder sogar die Prüfung abgebrochen werden muss. Diese Prüfungsangst sollte daher nicht auf die leichte Schulter genommen werden. Gerade wenn es sich bei der bevorstehenden Prüfung um den letzten Versuch handelt, ist der Druck besonders hoch.

Also ganz wichtig: Wenn Sie Probleme mit Prüfungsangst haben, dann lassen Sie sich vorher gut beraten. Eigentlich haben alle Universitäten und Fachhochschulen einen psychologischen Dienst. Dort sind Profis, die Antworten haben. Scheuen Sie sich nicht davor, diese zu konsultieren. Es gibt leider zu viele, die behandelbare Ängste haben, es sich aber zu spät eingestehen oder gar ganz ignorieren. Es wäre mehr als schlimm, wenn Ihr Studium und ein Teil Ihrer Zukunft daran scheiterte, dass Sie sich nicht helfen lassen!

12.4 Zur schriftlichen Prüfung

Hier ist es ganz wichtig, dass Sie sich die Aufgaben genau ansehen. Es zwingt Sie keiner dazu (und Sie sollten das selbst auch nicht machen), mit der ersten Aufgabe zu beginnen und dann alle ihrer Nummer nach zu lösen.

Daher bitte erst eine Aufgabe nehmen, die Ihnen gut liegt. Dann ist die erste Aufregung weg und was Ihnen vorher unlösbar schien, ist dann meist nicht mehr so dramatisch. Die Lösungen einiger Aufgaben leben davon, dass Sie wirklich exakt lesen, was eigentlich gefordert wird, manchmal verbergen sich gar kleine Tipps in den Aufgabenstellungen.

Es mag aber auch immer mal eine Aufgabe geben, die Sie nicht lösen können. Das ist *kein* Drama. Nutzen Sie die Zeit dann besser zur Perfektionierung der Lösungen zu den anderen Aufgaben. Wenn am Ende noch Zeit verbleibt, geben Sie nicht vor dem eigentlichen Ende ab. Überprüfen Sie lieber Ihre Rechnungen, denn auch flüchtige Fehler werden mit einem kleinen Punktabzug bestraft, was sich durchaus summieren kann.

Bereiten Sie sich vor, indem Sie bereits zur Klausur ausreichend Papier mitbringen, auf dem Name und Matrikelnummer stehen oder was sonst noch wichtig sein mag wie z. B. der Dozent und Kurs. Das Versehen der Seiten mit einer Nummer macht Ihnen und den Korrektoren die Orientierung leichter. Alles das trägt dazu bei, dass Sie die Klausur ruhiger und strukturierter angehen können. Wie oft ist es uns schon passiert, dass ein Student am nächsten Tag mit einem Blatt kam, das er aus einem Versehen heraus nicht abgegeben hat. Es gab sicher Fälle, in denen das die Wahrheit war. Bewerten lässt sich das aber dennoch nicht. Solche Fälle gilt es zu verhindern. Und noch eine Bitte: Schreiben Sie so ordentlich wie möglich, denn hier kommt Psychologie ins Spiel! Stellen Sie sich dazu vor, dass Sie bereits acht Stunden in einem Raum mit vielen anderen gesessen haben, auf einem unbequemen Holzstuhl und dann ein gewaltiges Geschmiere vor sich haben. Möchten Sie dann darin noch nach guten Ideen suchen, wenn Sie nicht mal die Schrift anständig lesen können?

Nach der Korrektur gibt es gewöhnlich eine Einsicht in die Klausur. Bitte zählen Sie hier die vergebenen Punkte und schauen Sie nach, ob wirklich alles korrigiert wurde! Es kommt nicht so selten vor, dass im Gefecht langer Korrektursessions einzelne kleine Teile – auch wegen des miesen Schriftbildes – übersehen werden.

Und wenn es dann am Ende nicht geklappt hat? Seien Sie ehrlich zu sich. Wenn von 40 Punkten 20 zum Bestehen erreicht werden müssen und Sie 19 haben, so fehlt Ihnen – um unseren lieben Kollegen Paul Peters zu zitieren – genau genommen nicht ein Punkt, sondern es fehlen eigentlich 21. Klingt komisch (oder gar gemein), ist aber so, nur anders betrachtet. Dann nicht verzagen, beim nächsten Versuch sind Sie dann hoffentlich genug gewarnt und schaffen es!

12.5 Zur mündlichen Prüfung

Eine mündliche Prüfung findet gewöhnlich im Büro des Prüfers statt. Zugegen ist neben Prüfling und Prüfer meist noch ein Beisitzer, welcher das

Protokoll führt. Eine gewisse Nervosität kann wahrscheinlich niemand vermeiden, doch falls die Panik derart groß sein sollte, dass Sie sich zur Prüfung außerstande fühlen, sollten Sie dies dem Prüfer zu Beginn mitteilen; dann kann die Prüfung verlegt werden. (In solchen Fällen sollten Sie allerdings den oben stehenden Hinweis über Prüfungsangst beherzigen.)

Die mündliche Prüfung läuft gewöhnlich so ab, dass der Prüfer Ihnen eine Frage zum Thema stellt, die Sie dann auf einem Blatt Papier beantworten können. Bei kleineren Problemen mit der Aufgabe wird er etwas helfen. Bald kommt dann die nächste Frage, oft über ein anderes Thema, um ein breites Gebiet abzudecken. Das geht so lange, bis die Zeit um ist (was subjektiv sehr rasch geht) und dann werden Sie meist gebeten, vor der Tür zu warten, damit Prüfer und Beisitzer die Note festlegen können. Diese wird Ihnen dann mit einer kleinen Begründung mitgeteilt und dann ist alles (hoffentlich gut) überstanden.

Einige Prüfer überlassen Ihnen auch die Wahl des Einstiegsthemas. Es ist also sinnvoll, vorher zu überlegen, welches Thema Ihnen liegt. Versuchen Sie nicht, mit einem schwierigen Einstiegsthema Eindruck zu schinden, welches Sie doch nicht gut können. Wählen Sie immer ein Kapitel, welches Sie souverän beherrschen.

Die mündliche Prüfung ist keine Klausur; Sie sind der Aufgabenstellung nicht hilflos ausgeliefert, sondern können (und sollten) es dem Prüfer sagen, wenn Sie einen Teil der Aufgabe nicht verstehen oder lösen können.

Außerdem herrscht nicht ein solcher Zeitdruck wie in einer Klausur, also hetzen Sie nicht.

Wichtig ist, dass Sie dem Prüfer Feedback liefern, also lassen Sie ihn an Ihren Überlegungen teilhaben. So kann er Ihnen helfen, falls Sie auf dem Holzweg sind.

Haben Sie zu einer gestellten Aufgabe gar keinen Plan, geben Sie dies nicht erst nach zehnminütigem Herumraten zu. So bleibt Zeit, um Ihr Wissen auf anderen Gebieten zu demonstrieren.

Symbol-Glossar

$\wedge$	logisches „und"
$\vee$	logisches „oder"
$\Rightarrow$	Implikation (auch $\rightarrow$)
$\Leftrightarrow$	Äquivalenz (auch $\leftrightarrow$)
$\neg$	Negation einer Aussage
$:=$	definierendes Gleich
$\circ$	Verknüpfung (Hintereinanderausführung) zweier Abbildungen
$\frac{d}{dt}$	Bilden der ersten Ableitung der Funktion: $\frac{dy}{dt} = \dot{y}$
$\in$	x ist in einer Menge M enthalten: $x \in M$
$\cup$	Vereinigung zweier Mengen
$\cap$	Schnittmenge zweier Mengen
$\subset$	Teilmenge ohne Gleichheit
$\supseteq$	Teilmenge mit evtl. Gleichheit
$\backslash$	Differenz zweier Mengen
$\emptyset$	leere Menge
$\mathbb{N}$	Menge der natürlichen Zahlen
$\mathbb{Z}$	Menge der ganzen Zahlen
$\mathbb{Q}$	Menge der rationalen Zahlen
$\mathbb{R}$	Menge der reellen Zahlen
$\mathbb{C}$	Menge der komplexen Zahlen
$\mathbb{K}$	kann sowohl $\mathbb{R}$ als auch $\mathbb{C}$ bedeuten
Kern:	Kern einer linearen Abbildung $L: V \rightarrow W$: Kern $L = L^{-1}(\vec{0}) = \{\vec{v} \mid L\vec{v} = \vec{0}\} \subset V$
Bild:	Bild einer linearen Abbildung $L: V \rightarrow W$: Bild $L = L(V) = \{L\vec{v} \mid \vec{v} \in V\} \subset W$
Rang:	Rang einer Matrix A: Anzahl der linear unabhängigen Spalten- bzw. Zeilenvektoren von A; Anzahl der Nichtnullzeilen bzw. -spalten nach Anwendung des Gauß-Algorithmus
Span:	Spann einer Menge $B = \{\vec{b}_1, ..., \vec{b}_n\}$ von Vektoren eines Vektorraumes V: Span $B = \left\{\vec{v} \mid \vec{v} = \sum_{i=1}^{n} a_i \vec{v}_i\right\}$

det: Determinante einer Matrix

A^{T}:   Transponieren einer Matrix A (auch A^{t})

E_n: $(n \times n)$-Einheitsmatrix

dim: Dimension eines Vektorraums:
             Anzahl der Basiselemente des Vektorraumes

Sachregister

Mathematik für Ingenieure 1

Kein Fachstudium der Ingenieurwissenschaften kommt ohne eingehende Kenntnisse der Mathematik aus. Dieses neue Lehrbuch genügt auch den modernsten Anforderungen an eine Ingeniermathematik: Lineare Algebra und Analysis werden auch unter Einbezug Numerischer Verfahren verständlich und ausführlich erklärt. Band 2 (ISBN 3-8273-7114-7) komplettiert das 2-bändige Lehrwerk.

Mathematik für Ingenieure 1

Armin Hoffmann; Bernd Marx; Werner Vogt
3-8273-7113-9
49.95 EUR [D]

Pearson-Studium-Produkte erhalten Sie im Buchhandel und Fachhandel
Pearson Education Deutschland GmbH
Martin-Kollar-Str. 10-12 • D-81829 München
Tel. (089) 46 00 3 - 222 • Fax (089) 46 00 3 -100 • www.pearson-studium.de

Mathematik für Ingenieure 2

Mathematik bildet die wichtigste Basis für die Ingenieurwissenschaften. Das Autoren-Trio hat es sich zur Aufgabe gemacht, die Ingenieurmathematik unter Einbezug modernster Numerischer Methoden, deren Kenntnis bei den Ingenieure eine immer wichtigere Rolle spielt, verständlich darzustellen. In diesem zweiten Band werden die Themengebiete Vektoranalysis, Integraltransformationen, gewöhnliche und partielle Differentialgleichungen sowie Stochastik behandelt. Band 1 (ISBN 3-8273-7113-9) führt in die Lineare Algebra und Analysis ein.

Mathematik für Ingenieure 2

Armin Hoffmann; Bernd Marx; Werner Vogt
3-8273-7114-7
49.95 EUR [D]

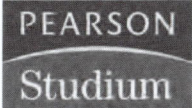

Pearson-Studium-Produkte erhalten Sie im Buchhandel und Fachhandel
Pearson Education Deutschland GmbH
Martin-Kollar-Str. 10-12 • D-81829 München
Tel. (089) 46 00 3 - 222 • Fax (089) 46 00 3 -100 • www.pearson-studium.de

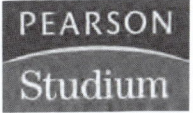

Dieses Buch bis 5a durchlese

LA Buch bis zu 30. durchlese

PROGRAMMIEREN ANFANGEN!